徐州城市建设和管理的实践与探索——园林篇

主　编：王　昊
副主编：陈　刚　李　勇

中国建筑工业出版社

图书在版编目（CIP）数据

徐州城市建设和管理的实践与探索——园林篇／王昊主编．—北京：中国建筑工业出版社，2017.1
ISBN 978-7-112-20263-8

Ⅰ.① 徐… Ⅱ.① 王… Ⅲ.① 城市建设－园林设计－研究－徐州 ② 城市管理－园林设计－研究－徐州 Ⅳ.① F299.275.33 ② TU986.2

中国版本图书馆CIP数据核字（2017）第008150号

本书系统总结徐州市近年来园林建设成果，内容共8章，包括发展中的徐州园林、园林规划、园林建设、城市生态恢复、园林营造、园林管理、创建国家生态园林城市、园林名胜。
本书可供其他城市园林建设部门参考使用，也可供相关专业人员和在校师生学习使用。

责任编辑：郦锁林 张 磊
责任校对：王宇枢 张 颖

徐州城市建设和管理的实践与探索——园林篇
主 编：王 昊
副主编：陈 刚 李 勇

*

中国建筑工业出版社出版、发行（北京海淀三里河路9号）
各地新华书店、建筑书店经销
北京锋尚制版有限公司制版
北京顺诚彩色印刷有限公司印刷

*

开本：880×1230毫米 1/16 印张：14½ 字数：376千字
2017年7月第一版 2017年7月第一次印刷
定价：188.00元
ISBN 978-7-112-20263-8
（29518）

版权所有 翻印必究
如有印装质量问题，可寄本社退换
（邮政编码100037）

《徐州城市建设和管理的实践与探索》丛书
编著委员会

顾　问：周铁根　曹新平

主　编：王　昊

副主编：陈　辉　李靖华　陈　刚　张安永
　　　　张　军　李　勇　徐　建　周宣东

编　委（按姓氏笔画排列）：

邓德芳　厉金富　田　原　白潇潇　吕茂松　朱宏森　任明忠
刘晓春　孙　强　李光耀　李　伟　李　玲　杨兆峰　杨　波
杨学民　何树川　张元岭　张　宁　周生光　周　旭　姜露露
姚行平　秦　飞　徐　品　梁红超　韩　蓓　蔡　枫

序一

值淮海经济区中心城市建设深入推进之际,《徐州城市建设和管理的实践与探索》系列丛书出版发行了,这是我市城市建设管理工作成果的集中展现,反映了改革开放以来徐州人民意气风发、勠力同心建设美好家园的生动实践。

楚韵汉风古彭城,南秀北雄新徐州。徐州是一座拥有5000多年文明史和2600多年建城史的文化名城,五省通衢、兵家必争,戏马台、燕子楼、黄楼、放鹤亭等历史古迹见证了这座城市的厚重与荣耀。新中国成立后特别是改革开放以来,徐州建设发展日新月异,江苏老工业基地、华东煤炭能源基地、全国综合交通枢纽成为城市的鲜明时代印记。近年来,我市坚持以新发展理念引领城市发展,紧紧围绕建设淮海经济区中心城市目标,着力推进城市、产业、生态和社会转型,充分释放现代交通枢纽、富集科教资源、双向开放平台、良好生态环境、城市服务功能等比较优势,持续提升城市综合实力和集聚辐射能力,徐州在淮海经济区的领军地位和带动作用日益凸显,一座富有活力、美丽宜居、和谐文明的中心城市正崛起于淮海大地。

党的十八大以来,习近平总书记就做好城市工作作出一系列重要指示,深刻回答了"怎样认识城市"、"建设什么样的城市"、"怎样建设城市"三个重大问题,明确提出了"一尊重、五统筹"的城市工作基本思路,强调"城市是我国经济、政治、文化、社会等方面活动的中心"、"坚持以人民为中心的发展思想,坚持人民城市为人民",为我们加强城市建设和管理提供了根本遵循。学习贯彻总书记重要指示精神,就要牢牢抓住发展经济、改善民生、构建平台这个城市建设管理的最根本目的,更加注重促进产城融合、塑造特色风貌、提升环境质量、加强社会建设,努力走出一条具有徐州特点的城市发展路子。

文以载道,书以立言。《徐州城市建设和管理的实践与探索》系列丛书,从规划、建设、园林和城管四个板块,全面系统地总结了我市城市建设管理的创新探索、显著成效和宝贵经验,并在理论层面上进行了概括和阐述,是一部兼具研究性和实践性的著作。《徐州规划》将以人为本、尊重自然等理念有机融入,注重在规划中留住城市特有的地域环境、文化特色、建筑风格等"基因";《徐州建设》集中呈现了我市建设现代化、高品质城市的探索历程,在棚户区改造、大枢纽建设、多元化融资等难题上给出了"徐州版"回答;《徐州园林》提炼总结了我市生态园林城市建设经验,对展示绿色振兴成就、传播生态文明理念具有独特价值和意义;《徐州城管》立足打造"精致、细腻、整洁、有序"的宜居环境,记录了"大城管委"体制构建、"城管+公安"综合执法、数字化城市管理等创新举措,提供了破解现代城市管理难题的"徐州模式"。

建设淮海经济区中心城市,是带动徐州全局发展的战略举措和牵引抓手。顺应省委、省政府支持淮海经济区建设的难得机遇,我市积极推动淮海经济区中心城市建设纳入国家战略,坚持新型工业化、新型城镇化、信息化互动融合,打造淮海经济区经济、商贸物流、金融服务、科教文化"四个中心",建设极具实力、令人信服的中心城市,在淮海经济区崛起中更好发挥龙头作用。着力增强区域辐射带动力,加快建设区域性"一中心、一基地、一高地",积极拓展开放合作新空间,打造区域发展核心增长极;着力增强高端要素集聚力,完善区域创新体系,搭建一流载体平台,形成集聚高端资源要素的"强磁场";着力增强城市功能承载力,优化"2+6+15"中心城市空间布局,推进成片开发、混合开发、融合开发,强化重大基础设施互联互通,提升中心城市首位度;着力增强生态环境竞争力,积极参与江淮生态大走廊建设,加快创成国家生态市和联合国人居环境奖,持续打造"一城青山半城湖"的金名片;着力增强公共服务供给力,加快构建社会建设"十二大体系",提升基本公共服务标准化均等化水平,全力创成全国文明城市,打造社会建设"徐州样板"。

城市,让生活更美好。建设淮海经济区中心城市,必须始终践行以人民为中心的发展思想,"见物"更"见人",时刻关注市民生活、感知百姓冷暖、满足大众需求,把徐州建设得更加繁荣、更具品质、更有温度,让人民群众在城市生活得更方便、更舒心、更美好,使徐州成为区域首善之城,成为一座令人向往的城市。

是为序。

中共徐州市委书记 张国华

序二

城市是国家经济、政治、文化、社会的重要载体和活动中心,是国家现代化建设的重要引擎。城市承载了经济社会发展脉络和历史记忆,也展示着时代特征和发展前景。这套丛书,通过规划、建设、城管和园林四个篇章,对徐州城市发展实践进行梳理和凝练,着重反映徐州城市转型发展的历史过程和经验。作为曾经在徐州市政府和政府部门工作过的我们感到十分欣慰,对徐州市日新月异发展和城市面貌的深刻变化感到由衷地高兴。

城市发展的历史阶段有其特有的历史规律。徐州作为计划经济时期的资源型城市,曾面临煤炭资源枯竭带来的城市、经济和环境等诸多困难和问题。面对城市转型的需要,徐州市坚持以规划为引领,以提高城市宜居性为目标,努力统筹生产、生活、生态三大布局,经过多年来持之以恒的努力,下大力气进行系统科学规划和生态修复建设,使城市建设面貌和生态环境品质发生了显著变化,形成了具有历史文脉传承和地域风光特点的城市新貌,获得"国家生态园林城市"和"中国人居环境奖"佳誉,在资源型城市转型上进行了积极有益探索和实践。

党的十八大以来,习近平总书记系列重要讲话精神阐述了治国理政新理念新思想新战略。中央相继召开了新型城镇化工作会议和城市工作会议,2014年2月习近平总书记在北京市考察工作时强调,建设和管理好首都,是国家治理体系和治理能力现代化的重要内容。他指出,城市规划在城市发展中起着重要引领作用,考察一个城市首先看规划,规划科学是最大的效益,规划失误是最大的浪费,规划折腾是最大的忌讳。他强调,规划务必坚持以人为本,坚持可持续发展,坚持一切从实际出发,贯通历史现状未来,统筹人口资源环境,让历史文化与自然生态永续利用、与现代化建设交相辉映。习近平总书记明确指出我国面向两个一百年,城市发展要体现时代发展新形势和新要求。城市是一个有生命的有机体,要顺应发展需要不断地进行自我更新。坚持创新、协调、绿色、开放、共享的发展理念,坚持以人为本、科学发展、改革创新、依法治市,转变城市发展方式,完善城市治理体系,提高城市治理能力,着力解决城市病等突出问题,不断提升城市环境质量、人民生活质量、城市竞争力,建设和谐宜居、富有活力、具有特色的现代化城市是城市建设和管理者们努力的方向。

期盼徐州市委、市政府坚持"四个意识",人民同心协力、苦干实干,统筹推进"五位一体"总体布局和协调推动"四个全面"战略布局,推动全面深化改革,各项工作取得新进展,徐州城市建设发展不断取得新成果!

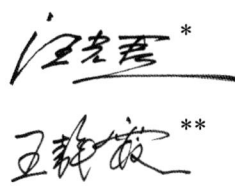

汪光焘*

王静霞**

---

* 汪光焘:曾任徐州市人民政府副市长,建设部原部长,全国人大十一届人大常委、环资委主任委员。

** 王静霞:曾任徐州市规划局局长,中国城市规划设计研究院原院长、书记,国务院原参事,国务院参事室特约研究员。

目 录

0 发展中的徐州园林 ··· 001
    0.1 山水园林格局基本形成 ·· 002
    0.2 全民共享精品园林梦想成真 ·· 002
    0.3 楚风汉韵、南秀北雄的徐派园林风格初具雏形 ····························· 003
    0.4 创新成为园林发展的强大动力 ··· 004

1 园林规划 ·· 005
    1.1 当代园林发展理念、目标和战略 ·· 005
    1.2 现代区域中心城市园林规划 ·· 011

2 园林建设 ·· 015
    2.1 公园建设 ··· 015
    2.2 绿地系统建设 ··· 021
    2.3 园林经济建设 ··· 028
    2.4 园林科技创新建设 ··· 031

3 城市生态恢复 ·· 037
    3.1 石质山地绿化 ··· 037
    3.2 退建还山、退渔还湖 ·· 040
    3.3 露采矿山废弃地生态恢复与景观重建 ··· 044
    3.4 采煤塌陷地生态恢复与景观重建 ··· 047
    3.5 水环境综合治理与景观重建 ·· 052
    3.6 垃圾填埋场生态恢复与景观重建 ··· 058

4 园林营造 ·· 062
    4.1 空间与地形处理 ·· 062
    4.2 植物与群落配置 ·· 066
    4.3 园林建筑 ··· 072
    4.4 园林铺装 ··· 090
    4.5 园林雕塑、小品 ·· 095

5 园林管理 ·· 109
    5.1 当代徐州园林绿化的发展动力与政策机制 ··································· 109
    5.2 园林行业管理 ··· 112

5.3　园林工程管理 ·· 115
　　5.4　园林绿地管养 ·· 122
6　创建国家生态园林城市 ·· 125
　　6.1　创建背景 ·· 125
　　6.2　措施与做法 ·· 126
　　6.3　创建成效 ·· 133
7　园林名胜 ·· 135
　　7.1　云龙山、云龙湖 ·· 135
　　7.2　彭祖园 ·· 148
　　7.3　无名山公园 ·· 153
　　7.4　云龙公园 ·· 157
　　7.5　淮塔公园 ·· 160
　　7.6　戏马台 ·· 162
　　7.7　龟山公园 ·· 166
　　7.8　狮子山汉文化园 ·· 169
　　7.9　东珠山宕口遗址公园 ·· 172
　　7.10　潘安湖湿地公园 ··· 175
　　7.11　楚河公园 ··· 178
　　7.12　故黄河风光带 ·· 181
　　7.13　凤鸣公园 ··· 186
　　7.14　沛公园 ··· 188
　　7.15　云河公园 ··· 189
　　7.16　桃花岛公园 ··· 192
　　7.17　沙沟湖水杉公园 ··· 196
　　7.18　人民公园 ··· 198
　　7.19　馨园 ··· 200

附录1 ·· 203
附录2 ·· 218
后记 ··· 220

0 发展中的徐州园林

徐州市位于江苏省西北部，苏、鲁、皖、豫四省在此交界。市中心坐标为北纬34°15′，东经117°11′。2015年末，全市辖5县（市）5区，市域面积11259km²，年末户籍人口1028.7万人。其中市区5区（铜山、贾汪、鼓楼、云龙、泉山）面积3037.3km²，人口331万；城市建成区面积255.2km²，城区人口187.3万人。

徐州市地处南暖温带季风气候区，四季分明，光照充足，雨量适中，雨热同期。四季之中，春秋季短，冬夏季长。地带性植被为落叶阔叶林。

徐州地区自古经济文化发达，私家园林历史悠久。现今有据可考的最早的私家园林，当为唐代贞元年间，武宁军节度使张愔镇守徐州时，为其妾关盼盼特建的"燕子楼"：以飞檐翘角的小楼为中心，配以荷花池塘、阡陌小径、绿树百花，曲港跳鱼。从苏东坡《永遇乐·彭城夜宿燕子楼》[①]一词，可见当年燕子楼的园林胜景和风致。至清代中叶之后，除各种遍布城乡的官家园林外，更出现了一些著名的文人园林，如帖园[②]、潜园[③]等。但真正的公园，则发端于北伐革命期间。

1928年（"民国"十七年）北伐军进驻徐州。地方当局以快哉亭、荷花池塘及周边景点为基础，增建九曲桥、凉亭、石桥、水阁等景点，取名"中山公园"（也称"城市公园"）对市民开放。但此后的20年中，再无新建公园，唯一的中山公园也日渐破败。

1948年徐州市解放后，市政府立即开始修复荒芜的中山公园（1957年易名为"人民公园"，1984年再次易名为"快哉亭公园"），对云龙山上的文物、古迹等进行保护和修缮。1954年开始建设

---

① 彭城夜宿燕子楼，梦盼盼，因作此词（宋·苏轼）
    明月如霜，好风如水，清景无限。曲港跳鱼，圆荷泻露，寂寞无人见。紞如三鼓，铿然一叶，黯黯梦云惊断。夜茫茫、重寻无处，觉来小园行遍。
    天涯倦客，山中归路，望断故园心眼。燕子楼空，佳人何在？空锁楼中燕。古今如梦，何曾梦觉，但有旧欢新怨。异时对、黄楼夜景，为余浩叹。
② 帖园坐落在市区东南四十五里的胡山南麓，初建于明代万历年间，清道光年间加以扩充增益，是一座以曲水花池，假山亭廊为主要景观的园林，占地三十多亩。现存有园主杨映权（1761~1835）亲自撰写的《帖园记》碑（移存于徐州博物馆碑园中）。
③ 清同治十三年（1874）秋，园主王琴九在今诸达巷东兴建的私人花园，占地3亩，"潆迴水抱小兰亭，雨后苔深草更青，两部蛙声千树柳，一钩新月半池萍。"清明秀雅。1938年日军轰炸，潜园被毁。

贾汪煤矿文化宫（今夏桥公园）。1957年开始建设余窑文化休息公园（今云龙公园）。1960年开始建设淮海战役烈士陵园。1976年开始建设南郊公园（今彭祖园）。1978年开始建设奎山公园。1985年起，以薇园的兴建为标志，推进街头公园绿地建设。1982年治理黄河、开建显红岛公园起，全面推进故黄河带状公园建设。1986年起，以重修戏马台为标志，推进文博类公园建设。1994年起，以滨湖公园建设为序幕，开始大规模推进云龙湖风景名胜区建设。

进入新世纪以后，特别是近十年来，踏着生态文明的时代强音，徐州市园林建设也进入了一个又快又好的全面发展期。

0.1　山水园林格局基本形成

与国内其他城市相比，徐州比有水的城市多山，比有山的城市多水。以自然山水为基础，着力打造山水城市特色，提升城市生态安全水平，是徐州园林建设的重要方向。

（1）持续推进荒山绿化。在20世纪五六十年代成功营建大规模侧柏山林的基础上，2005年起组织实施"市区山地绿化""吕梁山风景旅游区荒山绿化""二次进军荒山"三大工程，将全市荒山建设成为高质量的生态风景林。

（2）大力推进退建还山、退渔还湖、退港还湖工程。自2002年起，结合城中村改造，对市区10座山周边依山而建的村庄、单位全面实施整体拆迁，动迁土地160.4hm^2。2006年起，实施云龙湖水产养殖场"退渔还湖"工程，建成了小南湖景区。2010年起实施徐州内港、丁万河港等"退港还湖"工程，建成了九龙湖、劳武港、两河口等大型公园景区。

（3）积极推进露采矿山生态恢复。到2014年，市区42处长期采石形成的宕口废弃地都得到了良好的治理，使昔日的城市伤疤变成了城市美景。

（4）全面推进采煤塌陷地生态恢复。至2014年，完成市区1.34万hm^{2}采煤塌陷地实施生态环境修复、湿地景观开发，使塌陷区成为高效生态功能区、环境优美景观区。

（5）系统推进绿色廊道建设。实施"河湖相通、山水相接、城乡相连"的城乡一体生态廊道工程，绕城高速公路、高铁及10余条国道、省道等两侧大型防护林带，宽阔茂密、挺拔葳蕤，犹如绿色长龙，连接城乡；主城区水系呈现出"为有源头活水来"的崭新景象。

如今，云龙山—泉山、珠山—大横山、拖龙山、子房山—大山、九里山—琵琶山等山系如青龙卧波；丁万河、荆马河、徐运新河、故黄河、玉带河、楚河、奎河、三八河似水袖长舞；云龙湖、大龙湖、九里湖、楚渊、金龙湖、潘安湖、焦山湖等湖泊若明珠落地。一个山水相接，绿荫如织，湖光山色，高楼绿地，交相辉映，自然绚丽，人工与自然一体、生态与艺术共生的山水园林城市格局基本形成。

0.2　全民共享精品园林梦想成真

"开窗见绿闻啼鸟，出门入园乐逍遥"是广大市民对生活环境生态质量的共同追求。良好的生态环境，是实现中华民族伟大复兴中国梦的重要内容，是保障社会和谐稳定的基本遵循，是重要的民生问题。由于历史原因，徐州的园林绿化存在着"南多北少、四周多中心区少、普通绿化多、精品绿地少"等问题。为此，我们坚持以民为本，将生态优先作为一以贯之的发展理念，主动顺应百姓的期盼，科学规划作为徐州生态布局的基本遵循，高起点精心制定城市园林绿化规划，以人为本布局绿地空间、优化城市生态系统，并原来封闭的收费公园全部敞园成为广大市民的"绿色会客厅"，真正实现了生态文明成果人人共享的目标。

（1）建园惠民，均衡公园绿地布局。突破利益樊篱，按照市民出行500m（步行10分钟）就有一块5000m^{2}以上的公园绿地的目标，结合棚户区、城中村改造，进行城市空间梳理，重点布局老城区绿化薄弱地区。市委、市政府对老城区拆迁后10亩以下的地块不再出让开发，全部用于街头绿地建设；对于云龙湖景区内背山面湖的最好地块也不再开发，建成最美的景区，把环境最优美的地块和景观留给市民共享。到2014年底，市区5000m^{2}以上的公园已达到174个，5000m^{2}以上公园绿地500m服务半径覆盖率达到90.8%。

（2）敞园亲民，全面实现公园免费开放。在加强公园绿地建设的同时，先后对快哉亭、云龙山、云龙公园、彭祖园、泉山森林公园等16座城市收费公园实施敞园改造，全部免费开放，杜绝任何与公园公益性及服务百姓宗旨相违背的经营行为，禁止任何单位和个人在公园内建设高档会所、餐馆、茶楼等娱乐场所，有效保证了公园的公共属性，维护了公众利益，为市民群众营造了真正属于自己的休憩空间。

（3）建立公园设施维修保养长效机制。设立财政专项维修资金，将公园基础服务设施维修保养经费列入财政预算，从城市建设维修资金中列支；对新建和敞园改造后公园各类基础服务设施实行过程控制、动态管理，不是等到坏了再维修。园内木质铺装、树池座凳、栏杆等木质结构设施每年油漆保养，道路、监控、照明、健身器材等设施，根据年限要求定期维修保养，有效解决公园基础设施年久失修的问题，更好地为市民群众服务。

0.3　楚风汉韵、南秀北雄的徐派园林风格初具雏形

文化是园林的灵魂。徐州地处我国南北过渡区，地理上"东襟淮海，西接中原，南屏江淮，北扼齐鲁"，文化上据南向北，倚东朝西，北方黄河文化（齐鲁文化）与南方长江文化（徐文化、荆楚文化、吴越文化）在此得到高强度的碰撞、融合。在漫长的历史长河中，积累了深厚的文化文明遗产，形成了独具一格的地域文化特色。将丰富的历史文化内涵巧妙地融入园林景观之中，打造徐州园林的鲜明特质，是徐州园林人的不懈追求。公园绿地建设中，遵照"精心精细精致精品"的要求，集中做、坚持做、认真做，持之以恒、久久为功，继承并发扬了自然山水宽舒安徐的秉性和楚风汉韵的文化性格特征，突出了自然生态的思想和"整体大气恢宏、细部婉约雅致"的艺术风格，楚风汉韵并蓄、南秀北雄并济的徐派园林风格初具雏形。

（1）园林空间结构布局中，充分结合自然地形，通过对自然山水要素的运用和塑造，聚珠荟萃，构筑造园，着力体现乡土风貌和地表特征，切实做到顺应自然、返璞归真、就地取材、追求天趣。

（2）园林景观要素中，建筑密度大幅度降低，以植物为主的景观取代了传统私家园林建筑为主的景观。景观表达手法更多采用直白且理性的手法，和缓起伏的地形及多样的植被的建立，广场空间的布置，大幅度增加了环境容量。

（3）园林植物材料运用中，突出乡土植物特色，大力开发利用地带性园林树种，积极引进优美

的园林树种。植物配置特别注重常绿与落叶搭配，注重乔灌草搭配，注重植物季相、色相搭配，结合公园中湖泊、河流的风貌特征，以及因地制宜的微地形设计，着力构建科学的复层结构的城市园林绿地，以丰富多样的植物造景体现绿色生态景观。

（4）景观再现地域历史文化。理清场地历史文化脉络，对场地空间进行多层次、多角度的结构解构、重组，全面提升场地历史文化的外在表征，同时，合理运用雕塑、小品等表达手法，或点明公园的文化主题，或描绘历史文化典故，或塑造文化生活的情节，形成具有鲜明地域文化特质的人文园林景观。

0.4 创新成为园林发展的强大动力

与南方城市相比，徐州生态基础欠账较多、石质山丘占比高、年降雨量不足，开展大规模园林绿化建设的条件差、难度大。在园林建设和管理中，高举创新的旗帜，大胆实践探索，突破技术难关，完善体制机制，形成了北方城市园林绿化的成功品牌。

（1）创新园林建设风格。遵循徐州的山水格局设计园林景点景观，传承城市历史文脉丰富提升园林内涵品位，疏密有序优化城市空间尺度，"楚韵汉风、南秀北雄"的城市特质得到更好彰显。

（2）创新园林植物应用。既保持以乡土植物为主的特色，又积极引种驯化香樟、枇杷、石楠、竹子、桂花等南方观赏性常绿品种，着力构建乔、灌、花草有机搭配的园林生态系统，形成了"四季常绿、三季有花"的景观特色，改变了北方城市冬天一片萧瑟的局面。

（3）创新实施环境修复。坚持因地制宜、分类实施，积极推进采煤塌陷地、采石宕口和工业废弃地综合治理，九里湖、云龙湖分获"中国人居环境范例奖"，潘安湖水利风景区被水利部评为国家级水利风景区，东珠山宕口遗址公园被国土部认定为国内城市矿山治理的典范。

（4）创新石质荒山绿化模式，在全国开创了"石头缝里种出绿色森林"的成功范例。

（5）创新绿化管护机制，积极开展生态立法，对擅自占用重点绿地行为"零容忍"，实行市委、市政府主要领导绿化保护"双签"制度。推进绿化管护市场化运作全覆盖，实现了由"花钱养人"到"花钱办事"的转变。

（6）创新生态文明建设社会参与制度，成立生态文明建设研究会、基金会和研究院"两会一院"，组建"守望家园"志愿者队伍，构建社会第三方监督体系，形成了社会广泛参与、全民共建共享"美丽徐州"的生动局面。

至2014年底，徐州城市建成区绿化覆盖率43.26%，绿地率40.45%，人均公园绿地16.21m^2，公园绿地服务半径覆盖率90.8%，林荫路推广率92.32%，综合物种指数0.6178。城市面貌和环境质量显著改善，一个人工生态与自然生态相协调，人文景观与自然景观和谐融通，并形成独特的城市自然、人文景观，具有优良的城市自然、经济、社会生态体系和优美的人居生活环境的生态园林城市已然呈现在面前，2016年成为全国首批7个"国家生态园林城市"之一。

著名散文家王剑冰惊叹：徐州的美是藏着的。徐州，一块英雄辈出的土地，一座豪放大气、低调内敛的城市，一座北雄南秀融于一体、楚风汉韵集于一身的现代生态园林城市。尊重自然、保护自然、顺应自然，已成为徐州人的共识和实践；把"最美好的风景留给百姓、留给子孙与未来"，正成为徐州人的自觉。

1 园林规划

1.1 当代园林发展理念、目标和战略

21世纪初,徐州市委托清华大学建筑与城市规划研究所开展徐州城市发展概念规划研究,由清华大学教授、中国科学院院士、中国工程院院士吴良镛先生指导。本次概念规划研究,通过对徐州城市形态演变的机理分析,提出了"密集的城市,开阔的地景"、"双心并举,两翼齐飞"以及"葡萄串"式区域空间结构的建议;针对徐州历史文化资源丰富,重点研究了徐州的文化特征和形象定位,提出了由"群山环抱,一脉入城;两河相拥,一湖映城"到"三山楔入,两河穿流;城市密集,地景开阔"的山水城市模式以及"与自然相融的人居新城"的理念设想[1]。

徐州经过这一轮概念规划研究,找准了城市的位置,明确了产业的发展方向、城市发展方向、空间布局形态、时序,城市空间结构呈"山、水,城、田"的山水型生态城市格局,向东南、东北成"葡萄串"式城镇发展战略。[2]

2002年徐州启动新一轮的城市总体规划编制。

由此,徐州园林的发展问题也就成为亟待认真思考和研究的问题。

1.1.1 园林发展的思考

徐州位于江苏省西北部,有5000多年的社会发展史,2500多年的建城史[3],是国家历史文化名城,具有深厚的历史文化积淀;徐州有着襟山带水的自然环境,"山包城、城包山",山水相依,风景秀丽,故黄河穿城而过,京杭大运河傍城而流,云龙湖碧波荡漾。城市呈现"群山环抱,一脉入城;两河相拥,一湖映城"的特色风貌。

然而,徐州城市在发展过程中,在城市生态环境、城市山水特质等方面,也曾经遇到困惑。

绿地作为重要的公共空间[4],在维系城市生态系统平衡、促进社会和谐、提升城市魅力等方面起到非常重要的作用,城市的发展需要通过绿地建设进行引导[4]。

徐州如何通过城市绿地的规划和建设来改善城市生态环境、凸显山水园林城市特质、促进城市可持续发展,城市园林如何发展,如何破解城市发展中遇到的困惑,是徐州园林需要认真思考的

问题。

徐州城市发展中虽然遇到了困惑，但城市独特的区域环境、空间结构和形态、自然资源和历史文化等条件，也是徐州园林发展的优势。同时，徐州都市圈的规划，以及徐州启动新一轮城市总体规划的编制，也为园林发展创造机遇。困境与机遇并存，关键是如何破解困境、抓住机遇发挥优势。

1. 城市遇到的困惑

（1）城市生态环境

徐州是江苏省能源基地、老工业基地，煤炭、电力、钢铁、水泥、化工等工业所占比例较重；长期煤炭开采造成土地塌陷，煤炭运输和露天存放造成煤灰飘扬；水泥等建材生产，多年开山采石造成周边山体残缺不全等，对城市生态环境构成潜在威胁。

（2）城市园林绿化

徐州园林绿化随着城市的发展而快速发展，基本建成了与城市发展相适应的城市绿地系统，但尚存在薄弱环节。

一是公园绿地布局不够均衡，存在市区南部多北部少、周边多中心区少的情况；二是自然山水资源利用不够充分，山水园林特色有待进一步彰显；三是公园绿地建设与历史人文结合不够强，主题不够突出；四是城市外围对城市生态起到改善作用的绿化相对薄弱。

2. 优势条件

（1）城市历史文化积淀深厚

徐州古称彭城，相传尧曾封彭祖于此地，称"彭""大彭"或"大彭氏国"，市区原有许多以彭祖命名的遗址，如彭祖楼、彭祖墓、彭祖祠、彭祖井等，现彭祖祠、彭祖井犹存，其他均已废[3]。徐州是刘邦故里，两汉绵延400多年，一直具有特殊的政治地理位置，徐州延续封了十三代楚王、五代彭城王，汉墓、汉画像石和汉兵马俑被称为汉文化"三绝"；汉画像石与南京的六朝石刻、苏州的明清园林齐名为"江苏三宝"[5]。徐州周围的山上遗存了众多的汉墓。

徐州历来是兵家必争之地，因"山川险固、城障峻整、城区四面环山、三面被水"，被史家称为"屏障沪宁、遥扼晋鲁、俯视东海、仰顾关中、窥苏皖而撼中原"。[3]秦汉之际的楚汉之争、东汉末年曹操进击陶潜等，都以徐州为战场。

古代山水文化培育了城市中特有的文化内涵[6]。徐州是古代水文化重点地域之一[6]，流经徐州的古汴水、古泗水、古黄河、古运河衍生了深厚的水文化，徐州大地也留下了历史名人、文人的足迹，如秦始皇"泗水捞鼎"、孔子于泗水的吕梁洪观瀑等[7]。

苏轼于北宋熙宁十年（公元1077年）知徐州，虽不足2年，[1]但在徐州留下了许多著名诗篇，如《九日黄楼赋》《放鹤亭记》《百步洪》《罢徐州，往南京，马上走笔寄子由》《登云龙山》《送蜀人张师厚赴殿试》《游张山人园》《饮鹤泉》等，诗中描述了徐州的山川形胜和风土人情。徐州有许多反映苏东坡文化内涵的景点，分布在快哉亭公园、云龙山、云龙湖、故黄河等处，故黄河岸边有20世纪80年代重建的黄楼。

另外，明清文化等资源也较丰富,徐州是人文荟萃之乡。

（2）城市自然山水资源丰富

1）城市山体资源

徐州城周围岗峦起伏，群丘环抱[1]。东有白云山、杨山、子房山、响山、狮子山等，南有云龙山、凤凰山、泰山、泉山、珠山、拉犁山等，西有韩山、卧牛山等，北有九里山等，海拔大多不超过200m[3]，具有"山包城"的城市形态。

城市外围，以徐州城区为中心，北面有茅村–利国–黑山–大洞山丘陵群，西南有汉王丘陵群，东南有老寨山—东白山丘陵群。丘陵之间为三片宽广的剥蚀平原，因此，城市外围的形态可概括为"三片平原三片山"[3]。

徐州的山体地质构造大多为石灰岩[3]，土层薄，造林困难，目前主要植被大多为侧柏林。泉山自然保护区植物种类较为丰富、植被体系较为完善。

2）城市水体资源

徐州市地处古淮河的支流沂、沭、泗诸水的下游。市域境内河流纵横，湖沼、水库星罗棋布，废黄河斜穿东西，京杭大运河纵贯南北。[3]古代徐州是水运枢纽，汴水自西而来，与南下的泗水相会于彭城东北角，继而达于江淮；有诗云："汴水流，泗水流，流到瓜州古渡头"（白居易），"汴泗交流郡城角"（韩愈）。[8]

汉武帝元光年间，黄河在河南濮阳瓠子决口，夺泗入淮；此后黄河经常决口，徐州城曾几次被大水淹没。清咸丰五年（1855年）黄河北徙，夺大清河经山东入海，徐州留下了黄河故道[3]。

市区主要河流有故黄河、奎河、三八河、丁万河、徐运新河、房亭河、荆马河、玉带河等8条，城市北部有京杭大运河。

徐州城市规划区内湖沼众多，北有微山湖湿地自然保护区，南有云龙湖，东南有大龙湖，东有大湖，紧邻城区北部有大片煤矿塌陷水面，西有黄河故道上游滩地及夹河煤矿塌陷水面等。

（3）城市具有良好的"山水城市"区域格局

自古以来，徐州城就依山傍水。苏轼在其所作《放鹤亭记》中描述徐州城市周围环境："彭城之山，岗岭四合，隐然若大环"。古代徐州城市建设的显著特点，是历代城廓都沿袭建于"汴泗交流郡城角"之处，[3]历史上虽因水患毁城，但水退仍在原处建城，因此，也就有了当今发现的"城下城""井下井"。

清咸丰九年（1859年），在明代环城护堤基础上，增筑外城土城及坝子街土城，光绪五年（1879年）对大城、土城进行重修，重修后的徐州城，东距子房山3里，南距云龙山2里，北距九里山5里，总面积比以前扩大两倍。直至民国初年，内城、外城并存，城垣仍基本保存完整。1928年被拆毁，至20世纪30年代，徐州古城墙几乎被拆除殆尽，现仅存快哉亭公园的一段古城墙[3]。根据《徐州市城市总体规划（1980~2010）》图件，徐州1949年前的城市形态，依然是"山包城"、水绕城。

1950~1970年代间，在城北集中建设了工业区、居住区、铁路仓储区和编组站场区，在城西形成生产办公和居住区，在城市南部建设文教区，城市呈"指状生长"，1979年，城市人口为45.45万人，城市建设用地面积为40.14km²；这一时期，向北突破九里山的建设较少，南部和东部已跳出一些山体建设，"山包城"的城市形态有所突破。改革开放后，徐州城市空间向北部、西部和南部等方向扩展，进入"星形结构"及其充填时期；1994年城市建设用地面积达82.77km²，城市人口为96.01万人[2]。城市形态由"山包城"渐变为"山包城，城包山"的形势。

（4）城市园林绿化具有良好基础

徐州以2000年创建江苏省园林城市为契机，加快园林绿化的步伐。2002年又提出了创建国家园林城市的奋斗目标，绿化各项指标逐年大幅度增加，基本建成了与城市发展相适应的城市绿地系统。

（5）相关规划开展编制

21世纪初，徐州城市发展概念规划研究，徐州都市圈规划的编制，以及2002年徐州启动新的一轮城市总体规划编制等，为城市园林发展带来机遇。

3. 徐州园林发展的思考

（1）困境的破解

破解困境，需要转变观念、寻求新的突破。

面对徐州众多的煤矿塌陷地、采石宕口及其废弃地，依托现代技术进行生态修复，变不利为有利，使其成为徐州生态新优势。

正如《风景园林》（2016/5）刊首语所言："现代城市发展面临土地资源紧张的问题，生态建设需要从城市的存量空间中寻找潜力。今天的城市空间正在被重新定义，过去被忽视、未充分利用、遭废弃、被污染和需要进行产业更新的空间都可以被激活，通过风景园林的手段赋予其新的城市功能和生态功能。人工与自然在这些空间中可以依托现代技术实现更加深度的融合"。[9]

面对城市化进程加快，城市扩张造成的城市空间结构、形态变化等问题，可以通过绿地建设来引导，促进城市可持续发展。

正如贺炜、刘滨谊在《有关绿色基础设施几个问题的重思》一文中指出："绿地作为重要的公共空间，……在维系城市生态系统平衡、促进社会和谐、提升城市魅力等方面起到非常重要的作用，城市的发展需要通过绿地建设进行引导"。[4]

（2）优势的发挥

发挥优势，需要科学分析自身条件、找准方向。

汪菊渊先生在《大地园林化和园林（化）城市》一文中指出："每个城市总有它的地理、地貌特点，要充分运用有山有水、有森林田野等自然条件，使建筑与自然环境相协调，突出自然景色的美。……一个城市的个性、特性还取决于城市的体形结构和社会特征"。[10]

2003年12月徐州举办"徐州市城市规划建设专家论坛"，全国知名的专家、大师畅谈徐州规划建设。专家发言指出："徐州的条件非常好，首先有特殊的地理和区位条件，地处苏、鲁、豫、皖交界处，历来是战略要地和交通上的枢纽地带，多方面的文化在这里交融，造就了她的高度包容；二是自然条件非常好，有山有水，这是得天独厚的；三是历史文化积淀很深，文化底蕴很厚，历史上出现过许多文化名人。"；"徐州应该大力挖掘景观资源，塑造有特色的城市风貌。"；"营造自然景观的'大水大绿'，有山有水是徐州的特色，要发挥这个特点，做好'大水、大绿'；云龙湖、故黄河都是做好'大水'的有利条件；'大绿'就是利用好散落在城市中间的山体林木，要尽显山水风貌"等。[11]

（3）发展理念和目标

不同的城市其发展的历程和背景不同，每个城市都有其独特的区域环境、空间结构和形态、自然资源和历史文化。因此，一个城市依托自身的地理环境、城市空间结构和形态、自然条件和历史文化等条件，结合城市未来发展目标和方向，来思考园林的发展问题，则更加科学，也可以预防走向"千城一面"的困境。

在科学分析徐州自然山水、历史文化资源、区域地理环境，以及城市发展过程中遇到的困境等基础上，结合城市未来的发展，统筹考虑，提出徐州园林发展思路：

依托徐州自然山水和历史文化资源及区域地理环境，坚持保护和生态优先，尊重客观规律、尊重历史、尊重自然，保护和科学利用城市独特的自然、人文景观资源，传承历史文脉，彰显山水城市特质、"楚韵汉风、南秀北雄"地方园林特色，促进城市可持续发展和生态文明建设。

从而，构建总量适宜、分布合理、景观优美、个性鲜明的绿化体系，改善城市生态环境，实现城市由江苏省园林城市—国家园林城市—国家生态园林城市的持续发展。

1.1.2 发展战略

徐州城市具有独特的区域环境、空间结构和形态、自然资源和历史文化等条件，徐州市充分利用优势，抓住机遇，破解难题。

1. 持续生态修复

（1）采煤塌陷地与河湖水体生态修复

持续开展煤矿塌陷水面生态修复，使其成为城市的"绿肺"，变不利为有利。因地制宜，城市外围煤矿塌陷水面以生态湿地为主，发挥生态协调功能；城市周边及市区的煤矿塌陷水面，结合生态修复完善游览功能，建设郊野或城市湿地公园，重点对庞庄煤矿、权台煤矿、夹河煤矿、卧牛煤矿等采煤塌陷区，结合生态修复建设湿地公园，建设九里湖湿地公园、潘安湖湿地公园、临黄湿地公园、泉润公园等。

徐州市区一些重要的湖泊被围湖养殖；城市北区的内河河道承担通航运输的功能，河道上布满港口码头等，水体被遮挡，环境较差。通过实施"退渔还湖""退港还湖（河）"工程，修复河湖水体生态。对云龙湖南部的鱼塘，实施"退渔还湖"工程，修复云龙湖生态，建设小南湖景区和西湖秋韵园，扩大云龙湖景区。关闭徐运新河、丁万河等城市内河港口码头，修复水体生态，建设九龙湖公园、徐运新河带状公园和丁万河带状公园。

（2）山体、采石宕口及其废弃地生态修复

徐州山体构造多为石灰岩[3]，土层薄，绿化困难，山体绿化大多为侧柏林，经逐年植树造林山体披上绿装。但城市周围有些山体的部分区域，因土层瘠薄树木难以生长而长期裸露，通过"再次进军荒山"行动使裸露的山体全部覆绿，彻底消灭"荒山"。

由于水泥等建材生产，多年开山采石，山体出现裸露宕口和废弃地。逐步推进采石宕口和废弃地生态修复，一般宕口和废弃地进行生态覆绿，营造风景林；市区及周边山体，在生态重建的基础上，完善休闲功能，方便市民健身，建设开放式绿地。实施经济开发区高速公路出口周边的山体采石宕口生态修复工程；实施东珠山生态修复工程，建设东珠山宕口公园等。

2. 有序推进园林绿化建设

在全面增加绿量的基础上，强化精品理念，绿化总量增加和质量提升并举，彰显山水园林格局、凸显"楚韵汉风、南秀北雄"地方园林特色。

（1）强化城市山水格局特色塑造

随着城市化进程的加快，徐州城市空间结构和形态发生了变化。一些山体被遮掩、水体被遮挡，"有山不显山、有水不见水"；城市内部空间不开敞，徐州"山川形胜"特色格局受到冲击。

首先，加强市区山林和水体保护，划定市区山林和水体保护线。其次，全面梳理市区山体和水体体系，实施"退建还山"等"显山露水"工程，彰显城市山水格局特色。

"退建还山"，本着因地制宜的原则逐步推进，先期实施城市风景区和重要地区的山体退建还山。云龙湖周边山体，历史上形成的被单位、学校、居民住宅等建筑长期侵占，山体被遮挡，影响云龙湖风景名胜区环境；20世纪90年代末，搬迁了云龙山西坡的黄茅岗村，恢复了山体生态绿化，并为市民营造了休闲场所。继续实施云龙湖周边的云龙山西坡、珠山北坡等建筑搬迁，恢复云龙山西坡"十里杏花村"景区；修复珠山生态环境，建设绿化景观，彰显云龙湖"三面云山一面湖"和云龙山"一脉入城"的特色景观风貌。

对市区三八河、荆马河等河流进行整治，建设带状公园；对故黄河绿化和景点进行提升改造，打造故黄河风光带；扩大房亭河部分河段的水面，建设金龙湖公园，使其成为房亭河上的重要景观节点。对新城区大龙口水库，结合其周边绿化，建设大龙湖景区。

利用故黄河上游滩地水面，建设郊野生态湿地公园，在生态修复的同时，扩大故黄河风光带的游览功能。

（2）持续城市增绿，均衡绿地布局

徐州城市绿化呈现南区多北区少、周围多中心区少的状况。以徐州"老工业基地振兴"为契机，结合城市北区工业搬迁，加大城市北区绿地建设力度，改善城市北区生态环境。对城市中心区建筑密集地区开展"城市松动"行动，结合老城区棚户区改造，按照居民出行500m为服务半径，规划建设街头游园或社区公园，拓展中心区城市开敞空间，均衡中心区绿地布局。

加强城市防护绿地建设，重视城市外围生态绿地对改善城市生态环境的作用，城区、城郊绿化并举。

（3）还原公园姓"公"的属性，敞园开放还绿于民

老公园由于建设时间久，基础设施老化，休闲活动等功能不健全，已不能满足群众需求。提升老公园绿化景观，强化功能完善。实施快哉亭公园、云龙公园、彭祖园、泉山公园、云龙山山景公园（1~3节山）等公园敞园开放，还绿于民。

（4）园林融入历史文化，彰显园林地方文化特色

李靖华在《规划体现文化 文化升华规划》一文中指出："城市公共空间是城市文化集中表征的重要载体"；"城市环境建设是城市文化表征的根本"[12]。绿地作为重要的公共空间[4]，在绿地建设中融入徐州历史文化，彰显园林地方文化内涵。

彭祖文化源远流长，彭祖园是以彭祖文化为主题的公园，旨在进一步深入挖掘彭祖文化内涵，特别是养生文化，彰显公园文化特色。

徐州汉文化遗存，因水患和战乱大多埋藏在地下，首先要保护好徐州汉代墓葬群等汉代遗存，提升龟山公园、两汉文化景区景观和功能；在充分保护的基础上，因地制宜地建设以汉文化为主题的公园绿地，完善休闲游览和生态功能。

根据"楚汉之争"的历史，充实现有戏马台公园文化内涵，建设楚园、九里山古战场公园、子房山公园等，彰显园林"楚韵汉风"特色。

徐州反映苏轼文化内涵的景点，在快哉亭公园、云龙山、云龙湖、故黄河等均有分布，进一步挖掘徐州苏轼文化，增强云龙山、云龙湖、故黄河等苏轼文化的厚重感，打造云龙湖风景区内重要的历史人文景区，将故黄河打造为城市滨河文化风光绿带。

淮海战役是中国人民解放战争中具有决定意义的三大战役之一，淮海战役烈士纪念塔园林占地77公顷，是全国爱国主义教育基地、国家AAAA级旅游景区。景区内建有淮海战役烈士纪念塔、淮

海战役纪念馆、淮海战役总前委群雕、国防园等[13]。进一步完善景区纪念功能，提升景观环境。

保护徐州古城墙遗址，建设古城墙遗址公园。保护护城河及护城石堤，结合城市拆迁建设，沿古城墙遗址建设绿带，强化古城城址轮廓。同时，进一步发掘徐州历史上深厚渊源的文化，如明清及近代文化等，在园林中充分彰显，使园林的自然景观与历史人文景观有机融合，形神并茂。

1.2 现代区域中心城市园林规划

汪菊渊先生在《大地园林化和园林（化）城市》一文中指出："一个城市只有充分绿化了并构成系统，才能维护和改善城市环境和生态的质量。只有绿地分布均匀才能方便群众和改善人民的生活。只有自然景色、建筑与园林相互结合、相互渗透、相互统一，才能成为一个优美的城市。"[10]

可见，城市的绿地应当构成系统、布局均衡、与城市融为一体，能够更好地发挥其作用，能够更好地促进城市可持续发展。

城市绿地系统是城市生态环境的重要组成部分，是维持城市生态功能的核心，已成为衡量一个城市发展状况的重要指标[14]。

由此，城市的绿地系统规划就显得尤为重要。21世纪以来，徐州市先后两次编制城市绿地系统规划。

1.2.1 徐州市城市绿地系统规划编制背景

2002年徐州市启动新的一轮城市总体规划编制，为与城市总体规划相适应，2005年完成了《徐州市城市绿地系统规划（2005~2020）》（"05版绿规"）编制。

由于徐州市行政区划调整等原因，徐州市自2012年启动了城市总体规划的修订工作，并于2014年底完成《徐州市城市总体规划（2007~2020）（2014年修订）》。因此，《徐州市城市绿地系统规划（2005~2020）》（"05版绿规"）需同时进行调整和完善，与城市总体规划相适应。《徐州市城市绿地系统规划（2015~2020）》（"15版绿规"）与《徐州市城市总体规划（2007~2020）（2014年修订）》同步编制。

1.2.2 徐州市城市绿地系统规划思想

一个完善的城市绿地系统不仅包括城区绿地的建设，郊区大环境绿地的区域也显得日益重要，如林地、河流、湿地、农田、路网等，这些都是构建生态保护区、生态岛和生态廊道的重要因素，可以为生物提供持续、安定的生存空间，是实现现代化城市可持续发展的生态基础[14]。

徐州市城市绿地系统规划充分考虑了"城乡统筹"，遵循"大园林化""城乡一体复合生态系统"等思想，将郊区田园、水体、湿地和风景名胜区与城市内各类绿地结合成为有机的整体，构建有利于维系区域生态平衡的城乡统筹绿地系统。

"05版绿规"与"15版绿规"在不同的背景下编制，下面节选主要思想予以介绍。

1.《徐州市城市绿地系统规划（2005~2020）》

规划以融历史文脉与现代文明为一体的"山水生态园林"城市作为城市长期发展目标。因地制宜地构建生态功能完善稳定的市域绿化系统，以及布局合理、层次丰富、生物多样、景观优美的城市绿地系统，促进城市生态环境与社会、经济协调发展，实现城市的可持续发展。

（1）市域绿地系统

充分利用市域内人文和自然环境资源，构建绿色斑块、廊道和生态基质，维护与发展城乡生态系统的良性循环，形成城乡统筹、协调发展的绿色体系，实现城市可持续发展。

根据徐州市域的水系、城区、山体的分布特点，运用景观生态学"边界、斑块、廊道和基质"原理，把市域视作一个空间异质的区域，由相互作用的斑块、廊道和生态系统组成统一体。构建"多环维护、多区（斑块）镶嵌、多廊串联"的城乡统筹绿地体系。主要是：通过泉山、马陵山、大洞山、微山湖湿地、邳州艾山自然保护区，云龙湖风景名胜区和大面积生态农业区等自然和人工生态绿地斑块建设，形成维护区域生态平衡的基地和氧源基地；城市外围和城镇外围构建一定宽度的生态绿带，形成防止城市和城镇无序发展的缓冲生态圈；结合徐州市内生态发展带，沿铁路、公路、河道两侧构建绿带，形成线型结构的景观要素。

（2）城市绿地系统

徐州市城市总体规划中，城市未来发展以老城中心和新区中心为"二心"，向东、东南发展，用地布局采用组团式结构，通过快速路网连接形成城市的整体。

绿地系统结构：针对徐州城市组团式的空间布局特点，充分利用城市内部与周边的自然资源，结合城市规划布局，采用"环、廊（轴）、园"的结构模式，构建"一圈、四带、六环、十九廊、十四核"环网式城市绿地系统结构。

绿地布局：突出绿圈与绿色斑块、绿廊结合，绿地与景观资源保护结合，绿地与用地功能、交通组织结合的原则，形成"圈环护城、绿带穿城、绿廊网城、绿核嵌城、绿基衬城"的绿地布局，构建"山城相拥，湖城相映，碧水入廊、古城拥翠"的自然山水城市和历史文化名城的绿地风貌特色，形成历史文化名城—国家园林城市—国家生态园林城市的持续发展模式。

2.《徐州市城市绿地系统规划（2015~2020）》

徐州市在2006年获得国家园林城市称号的基础上，2011年提出创建国家生态园林城市的目标。"生态园林城市"是"园林城市"的更高阶段，它在美化城市环境的同时，更加强调城市自然、经济、社会的生态建设与可持续发展。

因此，全面推进徐州市生态文明建设，推动城市从"园林城市"向"生态园林城市"持续发展，也是本次徐州市城市绿地系统规划的着重点。

规划以"生态徐州，山水之城"为目标，在现有绿地建设成果基础上，深化生态园林城市内涵，进一步优化城市绿地结构布局，强化公园绿地建设，使公园绿地满足居民的游憩需求，加强滨水、道路和山体景观绿地建设；进一步实施生态修复，改善城市生态环境质量和城市景观风貌；加大精品绿地建设力度，不断扩大精品绿地数量，提升城市园林绿化整体水平和城市品位；最终构筑融山、水、林、文、城于一体，绿地体系完善，生态功能稳定，环境优美和谐的生态园林宜居城市。

（1）市域绿地系统

以系统学、生态学和景观生态学为指导，以"1+5+30"的城镇化建设体系为依托，基于徐州自然与社会经济发展实际，依托徐州市自然和人文资源条件，构建"两带、两片、多廊、多区"的市域绿地结构。

"两带"即沿故黄河—大沙河景观带和沿大运河景观带；"两片"即湿地景观片区，包括微山湖生态湿地保护区和骆马湖湿地自然保护区;"多廊"即沿路景观廊道和防护林带,包括连徐高速公路、盐徐高速公路、京福高速公路、京沪高铁、104国道、206国道两侧的大型防护林生态廊道;"多区"即特色景观节点,包括云龙湖风景名胜区、马陵山风景名胜区、泉山自然保护区、艾山自然保护区、大洞山自然保护区、临黄湿地公园、九里湖生态湿地公园、潘安湖湿地公园、大黄山郊野公园、农林产业培育区等。

（2）城市绿地系统

继承总体规划的城市布局与空间结构,突出山水名城风貌,结合徐州市"城包山、山包城"、绿水穿城、人文荟萃的城市特色,开辟各类城市绿地,使公园绿地分布均衡、各类绿地功能齐全,从而形成完整的城市绿地系统,创造和谐宜居型的生态山水园林城市。

强调构建以"山、水"为特征的生态山水型城市特色;建立具有人与自然相互融合的半人工自然系统,形成富有生态魅力和人文特色的城市绿化模式;建立有利于保持生物多样性的绿地生态安全格局;构建清风廊道。

规划区绿地系统结构:"两带、四楔、三环、十三廊"结构模式。

规划区绿地布局:突出"绿带、绿楔、绿环、绿廊"结合,绿地与景观资源保护结合,绿地与用地功能、交通组织结合的原则,形成"绿带穿城、绿楔入城、绿环圈城、绿廊网城"的绿地布局。

从而构建"山水相拥、人文荟萃"的自然山水城市和历史文化名城的绿地风貌特色,形成从"国家园林城市"到"国家生态园林城市"的持续发展模式。

参考文献

[1] 方彭. 传统城市规划理念的突破:概念规划[J]. 徐州规划,2004,（1）:12-14.

[2] 吴洪敏. 从徐州的发展历程看概念规划[J]. 徐州规划,2004,（1）:39-41.

[3]《今日中国历史文化名城系列丛书》编委会. 今日徐州[M]. 上海:三联书社上海分店,1992.

[4] 贺炜,刘滨谊. 有关绿色基础设施几个问题的重思[J]. 中国园林,2011,（1）:89.

[5] 王希龙·弘扬两汉文化再塑彭城辉煌[J]. 中国名城. 徐州特刊,1997,（3,4）:6-7.

[6] 汪德华. 中国山水文化与城市规划[M].（自序p2,p38）.

[7] 田董. 历代名人与徐州[J]. 中国名城. 徐州特刊,1997,（3,4）:p109,116.

[8] 马纯溪. 徐州城市区域空间的结构与形态研究[J]. 徐州规划,2004,（1）:27.

[9] 风景园林编辑部. 刊首语[J]. 风景园林,2016,（5）:4.

[10] 汪菊渊. 大地园林化和园林（化）城市[C]//鲍世行,顾孟潮. 城市学与山水城市（第二版）. 北京:中国建筑工业出版社,1996:362.

[11] 徐州规划编辑部. 全国知名的专家、大师畅谈徐州规划建设[J]. 徐州规划,2004,（1）:7-8.

[12] 李靖华. 规划体现文化 文化升华规划[J]. 淮海规划,2012,（11）:10.

[13] 张明丽. 淮海战役烈士纪念塔[C]//孙厚兴，吴敢. 徐州文化博览. 北京：文化艺术出版社，2003：43-44
[14] 苏同向，王浩，费文军. 基于绿色基础设施理论的城市绿地系统规划—以河北省玉田县为例[J]. 中国园林，2011，（1）：93

2 园林建设

园林是城市中唯一有生命的基础设施。一座城市,其园林建设的水平,不仅决定了这座城市的生态环境水平,也体现了这座城市的文化、艺术素养与水平,还从一个侧面反映了这座城市的经济活动和科技能力。

2.1 公园建设

进入21世纪,特别是2007年党的"十七大"首次把生态文明建设作为全面建设小康社会的新要求以来,"建园惠民,敞园亲民"就成为徐州市公园建设的基本遵循。到2015年,市区单个规模5000m^2以上的公园达到177个,比2005年增加约12倍。5000m^2以上公园绿地500m服务半径覆盖率达到90.8%。原来的"闭园收费"全部改为"敞园免费",基本实现了生态文明发展成果人人共享的目标。

2.1.1 新时代的公园

随着时代的发展,公园的功能也从原来的"小众"观赏、怡情扩展到"大众"观赏、游憩、娱乐,进行体育锻炼、科普教育以及举行各种集体文化活动的场所,成为城市生态系统、城市景观和城市开敞(开放)空间的重要组成部分。

1. 环境功能

(1)改善城市生态环境

公园是城市绿地系统中的大型绿色生态斑块之一,是城市中动植物资源最为丰富之所在,在防止水土流失,滞尘、防尘、净化空气,降低辐射,杀菌,防噪、降噪,防风引风、缓解热岛效应、调节小气候,吸收有毒、有害气体、降低城市空气污染以及保护城市生物多样性,改善城市生态环境、居住环境等方面都起着积极、有效的作用。

(2)美化城市景观

现代城市充斥着各种建筑物,给人们的精神带来极大的压力。公园是城市中最具自然特性的场所，是城市的绿色软质景观，它和城市的其他建筑等灰色硬质景观形成鲜明的对比，使城市景观得以软化。在措施得当的前提下，可以重新组织构建城市的景观，组合文化、历史的要素，使城市重新焕发活力，在美化城市景观、创造城市标志中具有举足轻重的地位。

2．社会功能

（1）休息游憩功能

公园是城市的起居空间，作为城市居民的主要休闲游憩场所，其活动空间、活动设施为城市居民提供了大量户外活动的可能性，承担着满足城市居民休闲游憩活动需求。这也是公园的最主要、最直接的功能。

（2）美育和精神文明建设功能

从公园诞生开始，它就被赋予了美学和文化的意义。传统的、现代的文化艺术的各种流派，或多或少地都能在公园中找到它们的踪迹。公园融生态、文化、科学、文化和艺术为一体，容纳着城市居民的大量户外活动，能更好地促进人类身心健康，陶冶人们的情操，提高人们的文化艺术修养水平、社会行为道德水平和综合素质水平，全面提高人民的生活质量。

（3）防灾、减灾功能

公园具有大面积公共活动空间，在城市的防火、防灾、避难等方面具有很大的保安功能，可作为地震发生时的避难地、火灾时的隔火带、救援直升机的降落场、救灾物资的集散地、救灾人员的驻扎地及临时医院所在地，灾民的临时住所等。尤其是处于地震带上的城市，防灾避难的功能格外重要。

2.1.2　公园体系建设

公园体系指由若干类型的公园相互联系而构成的一个有机整体，它的主要内容包括公园类型、规模、等级和比例等，是城市绿地体系中最能体现城市绿地诸项功能的绿地类型，它的数量、面积、空间布局等直接影响到城市环境质量和城市居民游憩活动的开展，并对城市景观文化的塑造和城市风貌特色的形成具有重要的影响，是城市绿地体系中最重要的组成部分[1]。在推进公园体系建设中，始终把服务社会大众作为出发点和落脚点，把提升城市核心价值和民生幸福感作为目标和方向，把城市是否受益、群众是否满意作为考量的标尺和准绳，与城市品质提升有机结合，与呼应群众需求有机结合，与发展旅游产业等有机结合，与生态中心等载体建设有机结合，坚持系统规划，着力构建层次分明、分布均衡、特色明显、个性鲜明、形象各异的城市公园。

1．突破薄弱区域，构建均衡化公园系统

当公园由有偿经营型的"公益企业"向无偿服务的"公共绿色空间"转型之后，让每一位市民都能享受到基本同样的绿色开敞空间的服务——亦即城市环境福利的均等化，就成为城市建设中的一个重要政治议题。长期以来，徐州市公园绿地存在着"南多北少、四周多中心区少"的问题，这种不均衡性影响到城市的均衡发展和覆盖全体市民的环境福利的实现。

为改变这种局面，近10年来，积极贯彻以民为本的理念，努力突破利益樊篱，按照市民出行500m（步行10分钟）就有一块5000m^{2}以上的公园绿地的目标，结合棚户区、城中村改造，进行城市空间梳理，重点布局老城区绿化薄弱地区公园建设。具体项目采取遥感定位，实地调研，深入论证，反复斟酌，有序实施，科学推进。仅2011年至2013年3年时间，在绿化薄弱区域相继建成植物园、楚园、九龙湖公园、建国西路游园、白云山公园、下淀路街头游园等公园绿地87个，使城市绿地分布更趋均衡，人居环境极大改善，形成了内涵丰富的综合公园和风格各异的街头游园互为补充的格局。至2015年，市区5000m²以上公园绿地500m服务半径覆盖率达到90%以上（图2-1）。

2．突出多样化需求，构建多功能公园体系

随着公园属性的转变，市民对公园功能的要求也日益多样化。以公众需求为导向，着力构建多功能的公园体系。一是继续加强综合性公园建设。综合性公园指有着大面积绿地，功能全面，能够为游人半日以上游览的城市大型公共性绿地公园。它不仅为城市提供大面积的绿地，而且具有丰富的户外游憩活动内容，适合于各种年龄和职业的城市居民进行一日或半日的游赏活动，是群众性的文化教育、娱乐、休息的场所，并对城市面貌、环境保护、社会生活起着重要的作用。二是适应城市防灾避险、历史人文和自然保护等多样化需求，合理规划建设防灾公园、植物园、湿地公园、文博类公园、体育公园等不同主题的公园。三是加大社区公园、街头游园、郊野公园、带状公园等规划建设力度。全市177个公园中，综合公园23个，专类公园17个，社区公园66个，带状公园24个，

图2-1　徐州市城市建成区公园服务半径分析图（2014年）

街头绿地47个，五类公园的协调发展，满足了城市居民不同需求（见表2-1）。

徐州市区公园结构（2015） 表2-1

区域	合计		综合公园		专类公园		社区公园		带状公园		街旁绿地	
	数量/个	面积/hm²	数量/个	面积/hm²	数量/个	面积/hm²	数量/个	面积/hm²	数量/个	面积/hm²	数量/个	面积/hm²
合计	177	2673.05	23	894.1	17	1256.81	66	106.35	24	316.46	47	99.33
鼓楼区	48	399.25	7	142.85	5	127.77	15	35.6	5	59.47	16	33.56
泉山区	49	1285.67	7	293.34	5	879.62	21	30.32	5	62.07	11	20.32
云龙区	38	592.04	3	297.32	6	152.12	15	32.95	7	93.13	7	16.52
铜山区	27	120.58	3	56.31			13	23.7	4	32.93	7	7.64
贾汪区	15	275.51	3	104.28	1	73.6	2	7.48	3	68.86	6	21.29

3. 突出亲民便民，完善综合服务配套功能

公园建设和改造中，本着"生态、便民"原则，着力打造"群众身边的环境福利"。摒弃过去大搞露天硬质铺装等人性化不足的做法，重点扩大公园内树阵式广场建设规模，营建林下活动空间，增添座椅、凉亭、林荫停车场等基础设施，增加游步道，修建环湖、环山、环园慢行系统，增添健身器材，为市民休闲健身娱乐提供良好的空间。为提高市民游憩的舒适度，制定了《园林工程施工规程》等技术规范标准，对游步道、台阶、座椅、坐凳、指示牌等的规格、标准等作了明确规定，从细微之处着眼入手，处处尽显人文关怀，真正把"人民城市人民建、建好城市为人民"的宗旨落到实处（图2-2）。

图2-2 公园游憩服务设计

2.1.3 公园特色塑造

在公园建设中，注重园林景观与历史文物保护和利用的有机融合，着力增加园林文化内涵，彰显城市历史，传承地域文化，继承并发扬自然山水宽舒安徐的秉性和楚风汉韵的文化性格特征，理清场地历史文化脉络，对场地空间进行多层次、多角度的结构解构、重组，全面提升场地历史文化的外在表征，形成具有地域文化特质的系统结构，突出自然生态的思想和"整体大气恢宏、细部婉约雅致"的艺术风格，着力塑楚风汉韵并蓄、南秀北雄并济的徐派园林特色，是徐州公园营建的重要目标。

云龙公园是20世纪50年代徐州市区兴建的第一个公园，园址场地为取土烧窑形成的大片洼地和池塘。建园时把一些小塘连成南北两片大湖，在中部水域之间建一拱桥——玉带桥，环湖修筑游园路，基本保持了原有的地貌特征。湖中知春岛上复建徐州名楼燕子楼。2008年，实施敞园改造，又增设了反映"余窑"历史的情景雕塑，进一步增加了公园的文化内涵（图2-3）。

图2-3 云龙公园

东珠山采石宕口遗址公园的营建中，地形设计充分考虑宕口岩壁、宕底水塘的走向、分布、规模等采矿遗迹因素，优先选定需要保留、展示的区域，依据依形就势原则，在山体开采区建立连续的东西向景观走廊，通过木栈道、云梯等将山顶、宕底、岩壁的各个景点链接起来，突出表现原有宕口的奇峰异石与设计的景观节点之间的完美结合（图2-4），达到一步一景、步移景异，为游客提供生态的、连续的、丰富的景观体验，向游人叙述着采石业的场景。

图2-4 东珠山采石宕口遗址景观修复效果

以佛教文化和东坡文化为主题的云龙山，道教文化为主题的西珠山，汉文化为主题的拉犁山—拔剑泉、大龙湖公园、龟山公园、狮子山汉文化园，楚文化为主题的戏马台、楚园，战争文化为主题的淮塔、九里山遗址公园，彭祖文化为主题的彭祖园等大批特色公园，无不强烈地再现了其独特的场地或地域历史文化（图2-5）。

在公园主题的构建中，雕塑、小品等因其鲜明的对思想感情和文化的直接表达，或点明公园的文化主题，或描绘历史文化典故，或塑造文化生活的情节，不仅在人为环境中有强大的感染力，教育意义非常直接和显著。而且，它是组成环境设计的重要因素，用它本身的形与色装饰着环境，成为公园营建中的一大靓丽景观（图2-6）。

图2-5 充溢着场地历史文化的名园

图 2-6 公园绿地中地域文化的表达

2.2 绿地系统建设

生态园林城市目标下的城市绿地系统，除传统的"城市中由各种类型，各种规模的园林绿地组成的生态系统，用以改善城市环境，为城市居民提供游憩境域[1]"外，还应包括整个城市生态腹地内的各类生态用地[2]。

2.2.1 生态园林城市的绿地系统

传统的古典园林具有重审美、重意境，轻生态的特征，因此受到城市生态环境恶化的严峻挑战。"园林城市"以城市园林绿化为主要着力点，强调建设优美、和谐的城市环境。

"生态园林城市"是"园林城市"的更高阶段，生态园林城市绿地系统就是在生态园林城市定位基础上的城市绿地系统。

一是空间特征上，要突破传统园林局限于城市建成区、规划区的束缚，着眼于市域整体利益的维护和实现，促进区域整体协调发展。因为城市自身空间规模的有限性和生态安全上的耦合性[2][3]，

---

[1] 中国大百科全书（建筑、园林、城市规划分册）
[2] 流域上下游之间、上下风向之间以及城乡、水陆、山区和平原之间都是相互影响、交叉作用的，一个地区的生态安全与邻近地区戚戚相关。

要求用区域理论与方法来认识与解决各类生态与环境问题，将城市生态问题建立在区域基础上加以解决才是正确的选择[4]。

二是系统结构上，要求以绿色植物生态系统为主体，各类公园绿地、防护绿地、附属绿地以及林地、湿地，风景名胜区、自然保护区等协调发展，从城区到郊区、近郊区、远郊区、农村，形成一个以城市为中心、城乡一体的生态系统。

三是系统组织上，强调大型生态斑块中心地位与生态廊道的枢纽地位。根据城市不同分区的空间异质性，形成贯通城乡的绿廊结构，将城市周边清洁冷湿的空气经过高绿量的植被带引入城市内部，缓解热岛效应，改善城市内部空气质量。

四是系统构建中，要求保护优先，建设近自然园林。使自然地貌、植被、水系、湿地等生态敏感区域得到有效保护，生态系统的固碳减排、净化空气、调节气候、保持水土、涵养水源以及防风避灾、美化环境等功能达到最佳状态。

2.2.2　城乡一体的绿地系统建设

进入21世纪以来，徐州市以建设国家生态园林城市为目标，根据城市空间发展布局，以及自然地形、地貌，重点规划和建设了城市建成区绿地为基础，"四楔、五湖"大型城市防护绿地和"四横、六纵"生态腹地为主体，生态绿廊为纽带的城乡一体绿色生态系统。

1. 城市建成区绿地建设

在我国，"市"并不是地理学上的城市化区域，而是一个行政区划单位，通常管辖以一个集中连片或者若干个分散的城市化区域为中心，大量非城市化区域围绕的大区域。所以"市"的面积并不能反映城市化的区域即地理学意义上城市的面积。"城市建成区"是用来反映城市化区域大小的一个量度。在单核心城市，城市建成区是一个实际开发建设起来的集中连片的、市政公用设施和公共设施基本具备的地区，以及分散的若干个已经成片开发建设起来，市政公用设施和公共设施基本具备的地区。对一城多镇来说，城市建成区就由几个连片开发建设起来的、市政公用设施和公共设施基本具备的地区所组成。

城市建成区是城市功能的主体区域，也是城市人居环境问题的焦点区域。绿地作为城市中最易感知的自然因素，具有突出的生态功能和社会功能，能够直接改善城市建成区人居环境质量。

历史上的徐州，屡遭战乱，加之黄河"夺泗侵淮"等自然灾害，致使自然植被消失殆尽，城市之中稀有树木。据《徐州园林志》，徐州初解放时，城内只有淮海路、大马路、复兴路（今朝阳路）、民主路等9条马路和故黄河岸堤岸上稀疏栽有1000多棵树。

新中国成立后，徐州市历届市委、市政府持续组织和实施绿化建设，特别是进入新世纪以来，按照中央和省委、省政府加强生态文明建设、推进新型城镇化的战略部署，围绕"1530"新型城镇体系①发展战略，按照生态学原理和系统学要求，进一步加大了城市生态修复和城市园林绿化建设力度，着力构建以自然山水为骨架、街头绿地和附属绿地为基础、大型公园为节点、河流道路绿带为纽带的点、线、面相结合的城市建成区绿地系统建设，进一步均衡了城市绿地布局，城市生态环境得到彻底改变。

---

① 即1个现代化特大型区域性中心城市为龙头，5个中等城市为骨干，30个中心镇为基础的城镇体系。

根据遥感调查，结合《徐州统计年鉴》等统计资料，至2013年末的徐州市主城区建成区面积为25300hm²，绿地面积为10129.75hm²，绿地率达到40.04%。各县（市）城建成区的绿地率也达到35%以上，其中，丰城36.36%，沛城42.91%，睢城37.27%，邳州37.79%，新沂39.56%。

在城市建成区绿地构成中，主城区公园绿地2692.36hm²，占26.6%；生产绿地168.25hm²，占1.7%；防护绿地1942.69hm²，占19.2%；附属绿地3946.22hm²，占39%；其他绿地1380.23hm²，占13.6%。各县（市）城市建成区绿地中，公园绿地多达到四分之一以上。其中丰城为25.8%，沛城为28.6%，睢城为23.5%，邳州为26.8%，新沂稍低，为18.8%。中心镇公园建设也有很大发展，如沛县，公园绿地数量达到63个，面积达到251hm²；邳州5个中心镇公园公园绿地12个，平均每镇2个以上（表2-2、表2-3）。

徐州市建成区绿地面积统计表（2014）　　　　表2-2

区域		公园绿地/hm²	生产绿地/hm²	防护绿地/hm²	附属绿地/hm²	其他绿地/hm²	合计/hm²	绿地率（%）
主城区		2692.36	168.25	1942.69	3946.22	1380.23	10129.75	40.04
其中	鼓楼区	403.05	81.65	919.14	1767.86	133.2	3304.9	38.74
	泉山区	1291.41	26.52	175.16	739.82	79.06	2311.97	42.89
	云龙区	594.57	53.41	557.42	799.94	83.58	2088.92	42.72
	铜山区	125.67	—	248.66	344.97	858.94	1578.96	39.67
	贾汪区	277.66	6.67	42.31	293.63	225.45	845.72	33.69
丰县		287.36	134.36	149.05	530.32	11.62	1112.71	36.36
沛县		441.82	27.53	479.97	255.82	339.66	1544.8	42.91
睢宁县		288.77	48.7	227.99	426.08	234.8	1226.34	37.27
邳州市		462	485	285	404	86	1722	37.79
新沂市		261	265	177	619	70	1392	39.56

注：表中县（市）指县（市）驻地城市建成区。

徐州市属各县（市）城及中心镇公园绿地统计表（2015）　　　　表2-3

区域		合计		综合公园		专类公园		社区公园		带状公园		街旁绿地	
		数量/个	面积/hm²	数量/个	面积/hm²	数量/个	面积/hm²	数量/个	面积/hm²	数量/个	面积/hm²	数量/个	面积/hm²
合计		262	4190	28	690	14	1062	31	38	60	2256	129	145
丰县	县城	30	282	2	74	3	12	2	1	9	186	14	9
	中心镇	—	—	—	—	—	—	—	—	—	—	—	—

续表

区域		合计		综合公园		专类公园		社区公园		带状公园		街旁绿地	
		数量/个	面积/hm²	数量/个	面积/hm²	数量/个	面积/hm²	数量/个	面积/hm²	数量/个	面积/hm²	数量/个	面积/hm²
沛县	县城	60	2773	7	242	3	1002	9	32	3	1442	38	55
	中心镇	63	251	5	7	0	0	19	4	18	226	21	15
睢宁县	县城	22	289	3	73	2	26	0	0	8	163	9	27
	中心镇	—	—	—	—	—	—	—	—	—	—	—	—
邳州市	城市	40	284	6	237	2	5	0	0	2	20	30	23
	中心镇	12	10	2	4	1	1	1	1	2	1	6	4
新沂市	城市	35	300	3	53	3	15	0	0	18	219	11	13
	中心镇	—	—	—	—	—	—	—	—	—	—	—	—

注：表中"—"为未统计。

2．城市防护绿地和生态腹地建设

（1）"四楔""五湖"环城防护绿地

"四楔"指在中心城区四周，以云龙山风景名胜区（西南）、九里山绿地（北）、子房山—大山绿地（东）、拖龙山绿地（东南）构成联系城市中心区与远郊农村生态绿地的大型城市生态防护林，"五湖"为泉润公园、九里湖湿地公园、潘安湖湿地公园、大黄山湿地公园、大龙湖公园五大连接城乡的大型生态湿地。

"四楔"建设的重点是"市区山地绿化"和"退建还山"，先后组织实施了"市区山地绿化"和云龙山、珠山、西凤山、白云山、南无名山等山体周围单位、村庄整体拆迁、退建还山工程（详见表2-4）。"五湖"建设的核心是"采煤塌陷地生态修复"和"退渔还湖"，其中采煤塌陷地生态修复完成6432hm²。"四楔""五湖"的建设，使徐州市主城区的形成了基本完整的大型环状绿色生态屏障。

徐州市区荒山绿化情况汇总表　　　　　表2-4

单位	山地面积/hm²	2006年前绿化面积/hm²	"市区山地绿化工程"面积/hm²
合计	4847.13	3175.00	1672.13
徐州市林场	1283.27	1082.67	200.60
云龙区	196.47	137.33	59.07
泉山区	13.33	1.33	12.00
彭楼区（原九里部分）	807.13	548.80	258.33
徐州经济技术开发区	435.00	75.00	360.00
市园林局	278.00	256.60	21.40
铜山区（环城高速以内部分）	1833.93	1073.27	760.73

（2）"四横""六纵"城市生态腹地

"四横"为横跨市域的微山湖—铜北山地生态公益林—贾邳山地生态公益林—邳北国家银杏博览园，义安山生态公益林—霸王山生态公益林—九里山生态风景林—京杭运河沿岸防护林带—骆马湖湿地，云龙湖风景名胜区生态风景林—娇山湖风景区生态风景林—拖龙山生态风景林—大龙湖风景区湿地与风景林—故黄河下游湿地—吕梁山风景区生态风景林—铜睢邳生态公益（风景）林，房亭河湿地与沿岸防护林带。

"六纵"为纵穿市域的大沙河湿地与沿岸防护林带，微山湖—铜北山地生态公益林—城北采煤塌陷区湿地—故黄河上游湿地—云龙湖风景名胜区生态风景林，大洞山生态风景林—贾汪采煤塌陷区湿地—大黄山采煤塌陷区湿地—大庙山地生态风景林—故黄河下游湿地—拖龙山生态风景林—杨山头生态风景林地，邳北生态公益林—中运河湿地与沿岸防护林带—骆马湖湿地、沂河湿地与沿岸防护林带—骆马湖湿地、沭河湿地—马陵山防护林带。

"四横""六纵"重点是组织实施"吕梁山风景区荒山绿化""二次进军荒山"（表2-5）以及"黄河故道综合开发""采煤塌陷地生态修复""矿山综合治理"等大型生态治理与重建工程。"荒山绿化"10333hm²，其中：多用途生态林8200hm²（包括常绿生态风景林3733hm²、落叶阔叶多用途林4467hm²），生态经济林2133hm²（详见表2-3）。"黄河故道综合开发"共涉及四县(市)六区、31个镇、12个办事处、2个国营果园，总长度234km，新增绿化面积6660hm²，其中市区段新增绿化面积266hm²，拓宽疏浚中泓200km，新增蓄水能力1亿m³，新建9大沿黄生态湿地。

"四横""六纵"覆盖了整个市域，将园林绿地、森林生态系统和湿地生态系统融为一体，构成强大的城市生态腹地。

"吕梁山风景区荒山绿化""二次进军荒山"绿化情况　　表2-5

项目		合计	铜山区	贾汪区	开发区	邳州市	睢宁县	新沂市
合计		10333	3187	1947	800	1200	2200	1000
多用林	常绿林	3733	1300	800	333	433	800	67
	落叶林	4467	1233	733	467	433	1000	600
生态经济林		2133	653	413	0	333	400	333

3．生态绿廊建设

（1）滨河生态景观廊道营建

河流是城市重要的生态廊道和文化载体，是营造城市绿色景观的重要元素，也是广大市民亲近自然的最佳场所。徐州市河道资源较为丰富，流经市区的大小河流20条，长度达到210km。将流经市区的河道作为最重要的自然生态景观资源，近几年中，先后组织实施了故黄河、丁万河、荆马河、徐运新河、玉带河、楚河、奎河等城市河道的综合治理，严格保护原有水域、地貌，埋设截污管道，改善河流水质；同时，全面实施沿岸生态景观建设，在河道两侧广植杨树、柳树、刺槐、泡桐等乡土树种，形成宽度10~100m的生态景观带，详见表2-6、图2-7。

图 2-7 徐州市典型滨水生态廊道

徐州市区城市河道及堤岸绿化情况统计表（2014） 表 2-6

河道名称	起/止位置	河长（km）	河宽（m）	其中：水面（m）	绿化带长（km）	绿化带宽（m）	主要树种
合　计	—	210	—	—	338.1	—	—
不牢河（京杭运河）	茅夹线/徐贾快速路	12	140	100	18	50	杨树等
故黄河	周庄闸/程头胶坝	53.7	130	100	87	65	法桐、香樟、垂柳等
奎河	云龙湖/杨山头闸	18	40	24	29.7	14.3	海桐、冬青、柳、杨等
玉带河	闸河/玉带桥	7.2	31	19	10.1	12.1	杨树、洋槐树等
荆马河	九里山/大运河	11.2	35	25	20.2	20	杨树、柳树、海桐等
徐运新河	九里湖/丁万河	4.7	36	36	7.6	13.2	柳树、紫薇、冬青等
三八河	民富园/大庙站	8.6	48	30	15.5	15	松树、冬青、紫薇等
丁万河	大运河/故黄河	12.4	36	36	24.8	20	景观绿化树种、公园等
房亭河	大运河/大庙站	12.2	55	35	20	12.6	杨树、柳树等
闸河	故黄河/白头闸	11.2	36	36	20.2	13.2	杨树、柳树等
顺堤河	六堡水库/大龙湖	4.3	40	25	7.5	100	地被、景观树种
琅河	顺堤河/棠张	5.1	38	26	7.5	25	景观树种
闫河	顺堤河/棠张	5.6	45	30	6	30	防风杨树林

续表

河道名称	起/止位置	河长(km)	河宽(m)	其中:水面(m)	绿化带长(km)	绿化带宽(m)	主要树种
楚河	葛楼村/二堡	9	85	70	18	45	地被、景观树木
玉泉河	曹村/高营	4.2	55	40	8.4	20	地被、景观树木
府东沟	玉泉河/楚河	2	40	25	4	17.5	地被、景观树木
府西沟	玉泉河/楚河	2	35	20	4	15	地被、景观树木
临城河	北塘/屯头河	8.6	50	45	9.6	50	地被、景观树木
新西排洪道	石头桥/屯头河	14	20	15	12	10	杨树
锦凤溪	凤鸣湍/屯头河	4	40	20	8	20	杨树

（2）绿色通道工程

城市道路绿化是城市绿地系统的重要组成部分，是市容景观之表征，市民大众的基本福祉，在城市人居生态环境与景观特色的塑造中具有重要的地位。近年来，徐州市区城市道路建设发展迅速，道路长度由2010年的492.18km增加到2013年的564.03km。在道路快速发展的同时，根据城市道路特点和功能要求，合理运用补植、扩植、间植、调整、更换、环境改造等措施，组织实施景观路工程、道路绿化普及工程和林荫路提升工程3大道路绿廊建设工程，环城高速公路、三环路构成两圈大型城市绿环，构建起支撑城市绿廊的骨架。沿三环公路至绕城高速公路之间的104国道、206国道、310国道等13条放射状城市对外出入通道和三环路以内的二环北路、平山路、襄王路、迎宾大道、三环南路等主干路网，建设带状公园，提升道路绿廊。对路宽12m以上的城市主、次干道和支路全面实施行道树完善工程。从而构建起结构完整、风格各异的城市道路绿化景观和绿色生态廊道。近5年中道路生态廊道建设情况详见表2-7~表2-9、图2-8。

图2-8 徐州市典型道路生态廊道

2010~2013年徐州市区道路绿地达标率变化　　　　　　　　　　　表2-7

年份	道路长度（m）	达标道路长度（m）	达标率（%）
2010	492184	164003	33.3
2011	524872	409848.9	78.1
2012	541283	428408.62	79.1
2013	564032	475917.82	84.4

2013徐州市区不同类型城市道路绿化普及率分析　　　　　　　　表2-8

道路类别	道路总长（m）	行道树总长（m）	绿化普及率（%）
快速路	27999	27999	100
主干道	305419	304502	99.7
次干道	186995	185784	99.3
支路	43618	39177	89.8
合计	564032	557463	98.8

2013徐州市区不同类型道路绿地率分析　　　　　　　　　　　　表2-9

道路类别	道路长度（m）	道路宽度（m）	绿化带宽度（m）	道路绿地率（%）
红线宽度大于50m	99956	2208.1	1083	49.0
红线宽度40~50m	182878	3698.6	1169	31.6
红线宽度小于40m	255453	4454.6	1406	31.5
景观路	25744	723.0	473	65.4
合计	564032	11084.4	4131	37.2

2.3　园林经济建设

随着社会主义市场经济不断深入发展，城市绿化产业正蒸蒸日上地活跃在市场经济大潮中，各种所有制的相关企业，包括规划设计、科学技术、绿化与园林施工、绿化与园林材料生产、园林机具肥料药剂生产、绿化养护及游览服务等构成了丰富多彩的园林绿化市场，有力拉动了地方经济的发展。

2.3.1　生产绿地建设

1. 生产绿地的功能与作用

生产绿地通常指为城市园林绿化提供苗木、花草、种子的苗圃、花圃、草圃等圃地。

生产绿地作为城市园林业务的辅助手段，具有园林工程的苗木储存和周转基地功能，是园林绿化苗木的生产基地，是城市园林绿化建设事业的重要保障。

生产绿地建设不仅担负着为城市园林绿化提供苗木等方面的生产任务，同时承担着园林植物引种、驯化等园林科技任务。运用城市绿化手段，借助绿色植物向城市输入自然因素，净化空气，涵养水源，防治污染，调节城市小气候，对于改善城市生态环境，美化生活环境，增进居民身心健康，促进城市物质文明和精神文明建设，具有十分重要的作用。

建设苗圃基地，有利于生态环境的保护和水土保持，有效推进退耕还林工程实施，改善周围生态环境，具有十分重要的生态效益。在提高经济效益的同时，还能提供劳动就业岗位、增加失地农民收入，带动物流、旅游、餐饮相关产业发展，提高当地农民的科学文化技术素质，为百姓提供旅游、休闲、观光的好去处，社会效益也十分明显。

2．生产绿地的建设规模

目前，我市已建成徐州苗圃科技园、亚星园艺公司苗圃、维特苗圃、青山泉苗圃、火花苗圃等具有一定生产规模的苗木花卉生产基地34个，面积607hm^2，建成区面积为253km^2，苗木生产绿地占建成区面积的2.4%，绿化苗木自给率达85%以上，基本满足了城市园林绿化发展的需要，超过国家生态园林城市分级考核标准要求。

徐州市城市规划区内苗木繁育基地共有1774.93hm^2。其中林木良种基地面积为1167.93hm^2（包括种子园56hm^2，母树林33.33hm^2，采穗圃130.6hm^2，良种繁育圃538.2hm^2，测定林面积128.67hm^2，良种收集保存区25.33hm^2，良种示范面积255.8hm^2）；城市规划区内园林苗圃面积为607hm^2。

全市供应园林绿化用乔木约7万株，花灌木约100万株，草花500万盆，地被约10万平方米。在圃培育苗木总产量约3.77亿株，年出圃造林绿化苗木数量1.37亿株。

目前，全市培育苗木主要有杨树、银杏、侧柏、柳树、法桐、女贞及桃树、杏、梨、苹果等，育苗总产量达3.77亿株，其中可供2015年造林绿化苗木数量1.37亿株，2015年新增苗木数量约0.66亿株。

3．生产绿地的发展方向

（1）生产绿地存在的问题

园林苗木一直沿用传统的露天苗圃栽培方式，大多品种单一，规模较小，生产技术相对落后，苗木质量不稳定，成活率较低，产品供应季节较短，生产周期较长。具体表现在：①忽视种植结构的科学性，片面扩张发展规模；②盲目跟风，生产品种大同小异，苗圃场缺乏特色；③非专业管理人员增多，管理粗放，苗木质量不高；④过分追求外来品种，忽视乡土树种的应用；⑤苗木生产缺乏行业统一标准、规范等。

（2）生产绿地的发展方向

随着新技术、新材料和新设备不断应用，建立设备先进、设施齐全的专业苗圃，使苗木生产呈现工厂化、规模化、机械化是生产绿地发展的方向。一是加强优良新品种培育，不断进行技术发展，如组织培养、脱毒技术、人工育种、转基因等；二是提高育苗专业人员素质、管理水平、育苗生产技术等，如容器育苗，特别是大苗的容器育苗，能为反季节移植作出很大贡献；三是广泛运用"互联网+"技术平台，积极对外销售苗木产品。此外，加强诸如旅游观光、科普教育、餐饮服务、搭配销售等多元化经营，也可作为生产绿地的发展方向之一。

2.3.2 园林企业发展

1．园林企业发展规模

截至2015年，在徐州注册登记的园林绿化施工企业74家。其中：具有城市园林绿化一级资质企业5家，二级资质企业3家，三级资质企业66家。近5年来，签订合同金额约55亿元，平均取得主营业务收入约44亿元、实现利润约11亿元、上缴税收约2.75亿元。在实现经济效益、社会效益和生态效益的基础上，企业规模不断壮大，为徐州社会经济发展作出了一定的贡献。

2. 园林企业发展方向

（1）苗圃企业经营模式

当前，由于人工成本、土地租金、管理费用上涨，苗圃企业发展壮大后纷纷以承接边坡绿化工程为目标，以此提高经济收入。同时，为了减少运费、降低投入成本，有资金实力、规模比较大的园林绿化公司则纷纷建立自己的苗圃储备苗木。这样的经营模式不利于园林公司的发展壮大。

（2）苗圃企业经营方向

苗圃除满足其基本功能作用外，应该设立专门的观光休闲区域，适当调整种植结构，进行生产示范、科普教育；也可以将观光休闲作为一个新的发展方向，实现纯绿地生产价值的多元化，充分发挥苗圃的生态价值，为人们创造更多的休闲好去处，达到可持续经营发展；还可以运用"互联网+"平台销售苗木产品等。对于解决目前苗圃企业的生存状况似乎是一个可行的解决办法，但从长远来说，不是大型园林绿化企业的主流发展方向。

（3）园林绿化建设企业经营模式

当下园林绿化企业仍然没有完全摆脱一种以承揽为主，即承揽、设计、工程施工、后期养护的简单模式。也就是说，园林绿化公司所有的经营活动还是围绕其承揽的工程来运转的。这种模式，在现今的园林绿化建设不是十分规范的情况下（除市政工程外），各个园林公司在招标的过程中竞相压价，造成公司在项目实施后利润过低或者没有利润以至于赔本的境地。公司没有利润，公司的发展就无从谈起。

（4）园林绿化建设企业发展方向

真正解决园林绿化企业未来发展的根本出路在于以科技为先导、以科技求发展、以科技上台阶、以科技出产品、以科技拓空间的发展思路，以科技创新促进企业发展是企业经营的发展方向。

科技创新从哪开始入手，是问题的关键。我国是地域辽阔且资源又相对比较丰富的国家之一，南北差异、气候差异、四季差异比较明显。巨大的反差给我们出了一个很好的科研课题，那就是怎样能使"北方的冬天和南方的冬天"一样。同时我国也是个植物资源相对丰富的国家，西藏的雅鲁藏布大峡谷就被植物界称为中国的基因宝库。"基因工程"为我们这个梦想创造了丰富的想象空间，利用生物基因技术，把这些耐寒植物的基因转移到现有的斑斓多彩植物上，那么我国北方的冬天还会是现在这个样子么，能生活在四季分明但也花团锦簇的城市不也正是我们梦想的环境么！创造这样的环境需要我们作为园林工作者的丰富的想象力和积极的推动力，没有我们的积极推动，这样的需求只能永远停留在幻想的层面，永远变不成现实。如果有一家园林公司在此科技上取得了突破，那么这个公司必然会在同行业中脱颖而出，一枝独秀，给其在激烈的市场竞争中占到巨大的先机。这是一个巨大的市场，北方众多的大中小城市都会是公司的客户，企业的发展、生存空间也会随之有一个很大的飞跃。

大众创业、万众创新是当代的主旋律，科技是第一生产力，科技创新才是园林绿化企业发展的原动力。园林绿化企业的发展空间是很广阔的，作为园林人，一定要视野开阔，大有作为；作为各个园林企业的掌门人，一定要有远大的志向和胆识，在中国的园林发展史上乃至在世界的园林史上书写出浓墨重彩的一笔；作为各级政府及政府主管部门应当搭建科技创新平台，在政策和资金上大力支持和扶持园林绿化企业科技创新。

2.4 园林科技创新建设

"科学技术是第一生产力"。根据全市园林绿化事业发展的需要，不断加强园林科技能力建设，积极推动新科技应用，有力提升了全市园林绿化科技含量。

2.4.1 科技创新能力建设

地方园林绿化科技能力是促进地区园林绿化科技创新的基础。根据全市园林绿化事业发展的需要，不断加强园林科研能力建设，积极推动新科技应用。

在徐州市城市园林绿化管理站、徐州市园林绿化工程质量监督管理处（原徐州市园林技术工程处）2个技术管理和推广机构的基础上，2012年新设立了徐州市园林植物研究所和徐州市植物园2个专业科研和科普机构，进一步增强了园林绿化科研、新技术推广和科普宣传能力。

到2014年，全市园林绿化科技人员165人，其中，副高级以上职称的34人，中级职称的47人，高级技师4人，技师35人。各单位按照职能分工，每年安排一定经费用于科技研究和新技术推广。

为提高青年科技人员的科研能力，以课题为载体，实行"以老带新"制度，同时每年组织多期技术培训，开展优秀科研论文的征集评选，编印《徐州园林》等促进技术交流。

2.4.2 科技创新发展方向

1. 风景园林中的科学技术问题

风景园林作为一个交叉性的学科，其知识主体主要由艺术、规划与设计、工程、植物、文化(包括社会)5大部分构成，也包括由这5大部分分化出的各种新型分支学科领域[5]。在这5大部分中，艺术与文化是人的生活方式和思维方式的写照。从人类的两种基本思维形式看，艺术思维以意象思维为主，不同于以概念思维为主的科学思维。而艺术思维的特征更表现在思维的角度和中心、对意象的取舍、与情感的融合以及主体性特征上，总体上表现出以人为中心的自由创造性。工程、植物2个部分则是（或涉及）人对世界的掌握。而这种掌握需要的是对现象本质的客观掌握——即通过概念的概括才能达到对事物的本质把握，从而从实践上真正把握世界，改变世界与人的对立关系。规划与设计则是艺术、文化思维和工程、植物知识的综合运用。因此，园林绿化中的科学技术问题主要集中在工程和植物两个部分，于是，中国风景园林高等教育源于农业大学的园艺专业和工科大学的营建专业就是必然的了[5]。由于单个园林工程的体量普遍较小，它所涉及的土木工程（岩土工程、建筑工程、路桥工程等）、装饰工程、给水排水工程、电气与照明工程等科学技术问题，一般直接由工程学科转移应用。园林植物是风景园林景观构成的基础，是城市园林中唯一具有生命活力的景观设施。没有植物的园林，或植物应用不科学的园林是缺乏生命力的。没有植物就没有当今的风景园林。在风景园林学科建设中，园林植物不仅是植物的配置、植物规划、设计或植物应用，而且包括树木栽培、管理、繁殖、病虫害防治、生态等[5]，是园林绿化科学技术研究的内容。

2. 徐州园林绿化科技创新发展方向

根据徐州园林事业发展实际，园林绿化科技创新重点围绕以下几个方面开展：

一是生态修复技术的创新研究。作为全国老工业基地，徐州生态基础欠账较多，采煤塌陷地、工矿废弃地和采石宕口分布广、数量大，如何做到因地制宜，研究投入小、生态恢复快、景观效果好的生态修复技术，加快修复被破坏了的生态与景观环境，是当前徐州园林绿化科技创新的主要方向。

二是园林植物应用的创新研究。新中国成立以来，徐州地区大规模的绿化工作已获得巨大成功，植物资源迅速增加，众多植物成功引种，但园林植物应用的种类还不够丰富[6]，要重点加强常绿乔木、色叶乔木、观花树种等引种与应用研究，进一步提高园林植物多样性。

三是园林植物保护技术的创新研究。与长期演替发展形成的自然生态系统不同，城市园林这类生态系统人为干扰强度大，结构简单，生态稳定性差，病虫害的危害难以避免，成为系统持续发展的一个关键制约因素。另一方面，由于城市环境和高大乔木的特殊性，现有的化学、生物防治技术都不能很好地满足实际防治的需要，亟需通过科技创新获得突破。

四是人工促进石灰岩山地侧柏山林演替技术的创新研究。建成于20世纪五六十年代的石灰岩山地侧柏林由于受立地条件和当时的经济社会条件制约，树种结构简单，景观单调。特别是由于初植密度大，随着侧柏数十年的生长，目前林分质量已逐年衰退。如何有效制止森林生态退化，是徐州生态环境建设中亟待研究的重大课题。

五是湿地生态系统的构建与维护技术研究。徐州市以波状剥蚀平原和剥蚀残丘为主要地貌类型，平原约占土地面积的90%，总地势由西北向东南降低，平均坡度1/7000~1/8000，海拔一般在30~50m。另一方面，徐州西部为半干旱区、东部为半湿润区，年降水量少且时空分布不均。在这两个因素相互叠加作用下，当今徐州境内的河道基本被改造成为河道型水库。境内的河、库、塘在一年中的多数时间里均为人工蓄水，水体自净能力低。研究高效的湿地生态系统的构建与维护技术，对改善水环境质量具有重要的意义。

2.4.3 科技创新成果

园林科技能力的建设，有力促进了园林科研试验和新技术的推广应用。2006年以来，先后有6项园林绿化类科研项目获得省、市科技主管部门立项扶持，研究成果在实际应用中得到推广。

城市生态修复技术研究与应用方面，开展了《徐州石灰岩山地风景林营建关键技术研究与应用》、《废弃矿山植被恢复关键技术及石灰岩山地造林技术集成示范》、《城郊生态风景林的诱导技术》、《徐州侧柏生态环境景观林配置功能及效益研究》等研究，成果应用于市区山地绿化工程、二次进军荒山、吕梁山风景区生态风景林建设工程等，有力提升了全市城乡防护绿地和生态风景林建设水平，一项成果获梁希林业科学技术奖，一项成果获江苏省农业技术推广奖，三项成果获徐州市科技进步奖。开展《徐州市采煤塌陷区湿地公园建设关键技术研究》，推动了全市采煤塌陷区生态恢复重建，成果获徐州市科技进步三等奖（表2-10）。

园林植物研究与推广应用方面，组织开展徐州市植物多样性调查，查清了全市森林植物、湿地植物和园林植物的种类和分布，为园林绿化植物引种研究、应用规划等提供了科学依据。根据全球

图 2-9 园林植物新品种的应用

气候变暖的大趋势,积极开展樟树、枇杷、桂花、红叶石楠、杨梅等常绿树种的引种研究,其中,樟树、枇杷、桂花、红叶石楠已在园林绿化中得到较为普遍的应用(图2-9)。编写出版了《徐州园林适生树种》《徐州市植物多样性调查与多样性保护规划》《樟树在徐州的应用》等专著,有力拉动了全市园林植物应用水平的提升(表2-11、图2-10、表2-12)。

图 2-10 出版的专著

2010~2015 年市园林局系统获奖科技成果一览表　　　表 2-10

序号	项目名称	完成单位	奖励名称	获奖等级
1	徐州侧柏生态环境景观林配置功能及效益研究	徐州师范大学 徐州市市政园林局	2010 年度徐州市科学技术奖	二等奖
2	徐州石灰岩山地风景林营建关键技术研究与应用	徐州市九州园林绿化工程有限公司 徐州市林业技术指导站 徐州工程学院	2011 年度徐州市科学技术奖	二等奖
3	徐州市采煤塌陷区湿地公园生态修复关键技术研究	徐州市九州园林绿化工程有限公司	2011 年度徐州市科学技术奖	三等奖
4	大型水生植物对云龙湖湿地生态修复应用技术研究	徐州工程学院 徐州市市政园林局	2011 年度徐州市科学技术奖	三等奖
5	侧柏保健与医疗作用与徐州侧柏林深化利用的调查研究	徐州市风景园林协会	徐州市 2012 年度科技情报研究成果	三等奖
6	城市园林绿化资源调查与信息管理系统研究及应用	徐州市城市园林绿化管理站、徐州工程学院	2014 年度徐州市科学技术奖	三等奖

2008~2016年市园林局系统公开出版专著一览表　　　　表2-11

序号	书名	出版单位	出版时间
1	徐州园林适生树种	中国林业出版社	2008
2	徐州市植物多样性调查与多样性保护规划	江苏科技出版社	2013
3	樟树在徐州的应用	中国林业出版社	2015
4	徐州公园绿地建设	中国林业出版社	2016
5	生态园林城市实践与探索·徐州篇	中国建筑工业出版社	2016

2006~2016年市园林局系统发表论文一览表　　　　表2-12

（收录范围为作者（独著）或第一作者、通讯作者（合著）为市园林局或其直属单位工作人员完成的论文）

序号	论文名称	作者	发表期刊与时间
1	持续生态治理修复彰显山水城市特色	李勇	城乡建设，2016-02-05
2	徐州地区樟树引种效果研究	何树川，秦飞，杨学民，等	中国城市林业，2016-1-22
3	徐州国家生态园林城市建设的实践与思考	李勇	淮海文汇，2015-10-15
4	徐州市石灰岩特困地工程造林技术	张肃俊，秦飞，王朋，等	林业科技通讯，2015-7-15
5	城市樟树黄化病的发生与综合防治技术研究	李瑾奕，张肃俊，秦飞，等	林业科技，2015-05-25
6	北方地区香樟树引种现状与前景分析：土壤问题与对策	张肃俊，秦飞，李全胜，等	中国城市林业，2015-4-10
7	黄淮地区香樟树引种现状与前景分析之一：气候条件	张肃俊，秦飞，张仁祖，等	中国城市林业，2015-1-19
8	徐州市香樟黄化病防治方法及效果研究	郑砚，李海娇，郭伟红	现代园艺，2014-10-25
9	徐州市景天科野生观赏植物资源园林开发价值评价	高政平，张莹，徐万泰	山东林业科技，2014-08-15
10	徐州地区黄连木丰产栽培技术	田勇燕，吴静，秦飞	现代园艺，2014-7-10
11	彩叶树种在徐州园林绿化中的应用	申晨，张亚红	现代农业科技，2012-11-29
12	动物园羊驼中暑的诊治	张杰；宋阳威	中国畜牧兽医文摘，2012-11-26
13	基于AHP法的风景林规划设计方案定量评价方法研究	吴静，秦飞	园林科技 2012-9-20
14	城市园林绿化资源调查制度初论	沈维维，秦飞	园林科技，2012-09-20
15	徐州石灰岩山地新建风景林的初期生态效应	李亚丽，秦飞，王维	林业科技，2012-09-25
16	机械动力树木注射机行业标准的研究	秦飞	林业机械与木工设备，2012-9-10
17	城市道路绿化研究综述	刘景元，秦飞	园林科技，2012-06-20
18	自然低温胁迫下香樟和广玉兰的抗寒性研究	李杰，张亚红	现代农业科技，2012-04-20
19	徐州地区广玉兰抗寒性研究	李杰，张亚红	安徽农学通报，2012-04-10
20	白枕鹤的笼舍饲养与繁殖	巩尊岭，钟秀芳；赵锋；等	特种经济动植物，2012-04-10
21	风景名胜区文化资源定量评价模型引论	秦飞，严岩	园林科技，2012-02-20

续表

序号	论文名称	作者	发表期刊与时间
22	一例麋鹿巴氏杆菌病的诊断	张杰；李永勖	现代农业科技，2012-02-20
23	当代园林设计理念的思考与探讨	孙昌举	安徽农学通报（下半月刊），2012-12-25
24	徐州市百果园植物景观浅析	言华	安徽农学通报（下半月刊），2012-12-25
25	基于普查的道路绿带木本植物结构测度——以徐州市鼓楼区为例	马良清，秦飞，沈维维，等	东北林业大学学报，2012-10-25
26	中国古典园林植物配置探讨	张卫	绿色科技，2012-08-25
27	金森女贞在徐州园林上的应用及发展前景	郑艳	安徽农学通报（下半月刊），2012-06-25
28	徐州市林荫路系统评价与提升对策	李瑾奕，徐伟，秦飞，等	园林科技，2012-06-20
29	侧柏功能性物质与保健作用研究进展	周素侠，秦飞，郭伟红，等	江苏林业科技，2012-6-15
30	徐州市云龙区道路绿地木本植物多样性调查	周素侠，秦飞	林业科技，2012-5-25
31	园林植物病虫害栽培管理技术	申晨，凤舞剑	吉林农业，2012-04-20
32	基于作用对象的城市绿色空间三大效益计量导论	秦飞，刘景元，何树川	中国园林，2012-04-15
33	树木注射伤害成因与控制研究	唐虹，秦飞，郭伟红，等	林业机械与木工设备，2012-4-10
34	城市人、环境、文化的最优协调发展模式——生态园林城市	唐虹，秦飞	环境科学与管理，2012-02-15
35	江苏2个种源长筒石蒜种子的品质检验	徐万泰，郭伟红	安徽农学通报（下半月刊），2012-01-25
36	城市园林绿化资源及调查技术研究	李云岷，杨学民，秦飞	环境科学与管理，2011-12-15
37	基于作用对象的城市绿色空间三大效益计量框架（英文）	刘景元，秦飞，王立东，等	JournalofLandscapeResearch，2011-10-15
38	我国常见木本植物的含碳率	田勇燕，秦飞，言华，等	安徽农业科学，2011-9-10
39	徐州石灰岩山地风景林营建的主要技术	杨学民，秦飞，马占元，等	中国水土保持科学，2011-08-15
40	木本植物缺铁性黄化病研究进展	徐万泰，郭伟红，秦飞，等	江苏林业科技，2011-8-15
41	增加种源树种促进侧柏林演替技术及短期效果	李云岷，杨学民，马占元，等	东北林业大学学报，2011-06-25
42	我国昆虫多样性的环境影响研究进展	池康，秦飞，郝德君	安徽农业科学，2011-6-15
43	彭祖园敞园改造及管理问题初探	方成伟	中国城市经济，2011-05-25
44	《城市园林绿化资源调查技术规程》的研制	秦飞，杨学民，何树川，等	标准科学，2011-05-16
45	树木注射施药装置的比较研究	刘景元，何树川，李瑾奕，等	林业机械与木工设备，2011-1-10
46	吕梁风景区生态风景林规划	吴静，秦飞，关庆伟	林业科技，2010-11-25

续表

序号	论文名称	作者	发表期刊与时间
47	徐州市机场路生态风景林带规划设计	王振营，秦飞，王鹏，等	江苏林业科技，2010-6-15
48	侧柏毒蛾研究综述	艳华，秦飞，梁波，等	江苏林业科技，2010-6-15
49	我国石灰岩地区特有植物研究进展	吴静，秦飞，王维，等	江苏林业科技，2010-4-15
50	徐州市区丘陵荒山生态风景林规划	秦飞，王振营，万福绪，等	南京林业大学学报（自然科学版），2010-2-15
51	大树移栽保活技术	申晨，凤舞剑	现代农业科技，2009-12-10
52	徐州地区绿化植物病虫害的综合治理策略	申晨	农技服务，2009-11-15
53	徐州市园林植物主要病虫害发生特点及防治对策	郭伟红，徐万泰	现代园艺，2009-10-10
54	城市文化与城市风景区建设研究——以徐州云龙山风景区为例	李云岘	南京林业大学学报（人文社会科学版），2009-09-30
55	香樟在徐州地区的引种及前景	何树川	中国城市林业，2009-06-28
56	浅谈城市园林设计与园林植物保护	郭伟红	安徽农学通报（下半月刊），2009-06-25
57	徐州市山水园林城市建设	刘景元，杨学民	中国城市林业，2007-06-28
58	徐州绿地生态系统发展规划	秦飞，李云岘	中国城市林业，2007-04-28
59	景观配置与文化建设的和谐——以徐州云龙湖风景区规划为例	李云岘	林业科技开发，2007-02-25
60	徐州市城郊森林生态系统健康评价及管理对策	杨学民，杨瑞卿，张慧，等	中国城市林业，2007-02-28
61	徐州城区桂花移植及养护技术	刘景元	江苏林业科技，2006-12-30
62	人工林虫害精确防治试验与分析	李云岘	南京林业大学学报（自然科学版），2006-11-30
63	城市林木害虫的"精确防治"——以杨扇舟蛾为例	李云岘	中国城市林业，2006-08-28

参考文献

[1] 路遥. 大城市公园体系研究：以上海为例[D]. 上海：同济大学，2007

[2] 李勇，杨学民，秦飞，柴湘辉. 生态园林城市建设实践与探索·徐州篇[M]. 北京：中国建筑工业出版社，2016

[3] 王如松，欧阳志云. 对我国生态安全的若干科学思考[J]. 中国科学院院刊，2007，22(3)：222-229.

[4] 董雅文，方继萌. 城市地区的空间结构及其应用[J]. 城市环境与城市生态，1989，2(3)：10-13.

[5] 张启翔. 关于风景园林一级学科建设的思考[J]. 中国园林，2011，(5)：16-17

[6] 梁珍海，秦飞，季永华. 徐州市植物多样性调查与多样性保护规模[M]. 南京：江苏科技出版社，2013

3 城市生态恢复

美国斯坦福大学的Douglas Webster（1990）将决定城市竞争力的要素划分为经济结构、区域性禀赋、人力资源和制度环境四个方面[1]。作为一个老工业基地城市，城市生态恢复对不可转移特性的区域禀赋和可转移的人力资源要素两个方面都具有重大的影响。特别是在知识经济的背景下，城市对人才的吸引能力取代了物质优势及地理优势，成为推动城市发展最重要的动力。

徐州依山带水，山水资源丰富，4大水系6大山系①从主城区延伸到远郊乡村，构建了极富特色的山水城市骨架。但是，由于历史原因，直至21世纪初，徐州市不仅还遗有较大面积的石质荒山，而且开山采石、占山建筑、占水养殖等生态环境问题也比较突出。为恢复良好的城市自然生态环境格局，十年来，持续实施"荒山绿化"、"显山露水"、"退渔（港）还湖"、"扩湖增水"、"湿地修复（采煤塌陷地）"、"宕口治理"、"黑臭水体治理"等城市生态恢复工程，全面恢复被破坏了的自然生态环境，重构了城市景观格局，基本恢复了山水城市自然风貌特色。

3.1 石质山地绿化

在石灰岩地区，由于石灰岩的风化成土速率极慢[2, 3, 4]，形成了石灰岩裸露地区特殊的生态特征，促进了石灰岩地区植物区系的特有化发展的同时，也限制了大多数植物的生长，适生树种不多，植被稀少，特别是在天然植被严重破坏后，自然植被恢复时间极长，有的石漠化地区经过数十年的封育仍无法形成森林，是我国乃至世界林业生态建设的重点和难点。人工恢复森林植被作为一项快速有效的生态恢复途径，受到广泛重视[5, 6]。

徐州地处我国东部新华厦系第二个隆起带的西侧，大地构造上属华北断块区的南部，鲁南低山丘陵—剥蚀残丘与黄淮冲积平原过渡带，以出裸石灰岩为主的山地丘陵占比高，且年降雨量不足，绿化条件差，从20世纪50年代开始推进石质荒山绿化，经数十年坚持不懈的努力，取得了显著的成效，目前，全市全部石质荒山均得到绿化。

---

① 4大水系为北部沂沭泗水系、中部故黄河水系和南部濉河、安河水系；6大山系为苏山头—九里山—琵琶山山系、子房山—广山—大山山系、峨山—王长山—韩山山系、珠山—拉犁山—大窝山山系、洞山—泉山—云龙山山系和拖龙山山系。

3.1.1　20世纪徐州市的石质荒山绿化

徐州市丘陵山区约占国土面积的8%。历史上由于长期战乱等破坏，到处荒山秃岭，有"穷山恶水"之称。新中国成立后，人民政府立即把恢复生态环境，实行荒山造林列入政府工作日程，1950年对云龙山一至五节山和马棚山等实行封山育林。1952年10月29日毛泽东主席来徐州考察，登上云龙山，发出"绿化荒山，发动群众上山造林"的号召后，绿化荒山的积极性更加高昂，每年组织十数万干部群众参加荒山造林活动，到1956年，累计造林面积3280hm²，保存面积887hm²，造林成活率平均60%~75%，保存面积占造林面积的27%。造林效果虽然不理想，但是总结出三条宝贵的经验：一是石灰岩山地应该选择侧柏作为造林先锋树种；二是推广侧柏雨季造林；三是实行"鱼鳞坑"整地，良种壮苗造林。这三条经验为以后徐州荒山绿化的成功奠定了基础。到1964年底，全市荒山造林成功面积达到22660hm²，其中人工侧柏林13334hm²，基本形成现在人工侧柏林分布格局。

但是，随着"宜林荒山"逐步绿化，剩余荒山立地条件越来越差，造林难度越来越大。1995年原国家林业局组织全国荒山"灭荒验收"时，确定徐州市有"暂不宜林荒山"约1.3万hm²，其中城市规划区内0.64万hm²（主城区0.18万hm²，铜山区0.27万hm²，贾汪区0.18万hm²，经济开发区0.01万hm²）。

据调查，这些"暂不宜林荒山"的山体岩石裸露度0.3~0.8之间的占74%，0.8以上的占17%，0.3以下的占9%。坡度10°~20°间的占66.7%，20°以上的占24.3%。成土母质均为石灰岩，土壤为石灰土及淋溶褐土等；土层厚度10cm以下的占42%，10~20cm的占38%，20cm以上的占20%。山体植被稀少，只有少量胡枝子、酸枣、黄背草、白茅、蒿等灌、草分布（图3-1）[7]。

图3-1　徐州市主城区石质荒山面貌（2007年）

3.1.2 新世纪石质荒山生态风景林营建

进入21世纪，为全面推进绿色生态徐州建设，徐州市委、市政府决定在全市对"暂不宜林荒山"进行绿化。市林业部门与南京林业大学合作，以中央财政专项资金项目《江苏省徐州石灰岩山地造林树种良种繁育基地建设项目》、江苏省农业三项工程项目《徐州市丘陵岗地森林植被恢复主导树种及造林技术模式示范推广》、江苏省林业三新工程项目《废弃矿山植被恢复关键技术及石灰岩山地造林技术集成示范》等项目为依托，组织实施石质荒山造林新技术集成与推广。市园林部门与南京林业大学合作，开展了国家科技攻关项目《城郊生态风景林的诱导技术》等研究，取得了一批科技成果。市委、市政府先后启动"市区山地绿化工程（2006~2009年）"、"吕梁山风景区山地绿化工程"（2009~2010年实施2年，以后并入"二次进军荒山工程"）和市域范围"二次进军荒山工程（2011~2014年）"三大工程，使全市范围内的荒石山全面披上了绿装，基本构筑起林相合理、景观优良、生态良好的丘陵山区绿色生态体系。

1. 主要措施

（1）加强领导，明确责任

本轮石质荒山绿化技术难度高，工程量大，涉及范围广，每年可造林时间短，任务艰巨。为此，市政府成立领导小组，并下设办公室，为全市荒山造林绿化和林相改造工作的职能单位，统一负责工程规划、年度计划的制订和组织管理、质量督查等工作；市林业局负责全部荒山造林绿化工程的勘察和作业设计；市财政局负责年度资金预算编制和执行、工程资金监管；市农办负责山林承包合同的管理和完善工作；国土、园林、森林公园管理处等相关部门和单位也按各自职责，做好各自的工作，形成合力，共同推进石质荒山绿化。

（2）实行专业招标，严格工程款拨付管理

本轮市区石质荒山绿化以"城市生态风景林"为建设目标，标准要求高，投资强度大，传统的"群众造林"方式难以满足工程需求。为此，按现代工程管理要求，实行专业招标的办法，由市林业主管部门会同财政部门，组成工程招标工作小组，按照年度建设计划，科学编制招标项目，具体负责招投标管理工作；聘请林业、财务专家组成的评标委员会，按公开、公平、公正原则，选择专业化的造林工程队，工程一包3年。工程建设资金按"前亏后盈（即按工程预算，第一年实际付款额不高于需要投入的造林成本）"的原则，按3年工程期分批拨付，有效确保了工程质量。

（3）实行工程监理，严格工程量和质量验收

市林业主管部门选择具备造林监理资质的专业单位，按工程进度和管理规范严格工程监理，形成政府主管部门、专业监理单位、施工单位三位一体的质量管理和保证体系。工程量及质量验收，在当年底组织一次初验，第三年年底才进行竣工验收。鉴于山地地形复杂，全面清查总工程量和质量较为困难，初验和竣工验收都严格按"随机抽样法"，根据造林作业设计书划定的栽植小区，顺序编号、制签后，放入暗箱内，由中标企业自行抽取。由林业主管部门（业主）聘请徐州生物技术职业学院的学生，在业主、施工、监理三方代表的共同监督下，进行清数、测量（苗林规格），当场填写验收表，三方代表当场签字确认，有效杜绝了弄虚作假。

（4）妥善处理好山林经营者与造林单位的关系

徐州市荒山和山林大多为村民集体所有，在2000年前后进行的林权制度改革中，基本全部被群众或企事业单位承包。在推进荒山绿化过程中，市委、市政府制订了"不求所有，但求所绿"的政

图 3-2　徐州市主城区石质荒山生态风景林营建效果

策,注意兼顾好山林承包人的利益。市、县两级农办为主,林业主管部门配合,在对现有山地承包合同清查的基础上,规范发、承包双方的权利义务,对荒山绿化、护林防火、森林病虫害防治等涉及社会公共利益的事项明确责任。

(5) 加强林业新技术的应用

石质荒山造林立地条件差,实施难度大,技术要求高。林业部门在实际试验的基础上,研究制订了标准化的工程整地、增土培肥、大苗栽植、保墒促根、雨季造林、抚育管护等技术方案[8]。在工程招标中,适当加大技术标的权重,不仅看造价的高低,更看其采用的造林技术方案和工程组织方案是否切实有效,管护方案是否切实可行,让技术能力最强的队伍承担工程任务。

2. 工程实施效果

本轮石质荒山绿化从2005年开始,到2014年,累计造林面积12133hm²。其中,多用途生态林9813hm²(包括常绿生态风景林4793hm²、落叶阔叶多用途林5020hm²),生态经济林2320hm²,在全市范围内全面消灭了荒山,有力地促进了绿色生态徐州建设。工程实施过程中,通过对关键技术措施的优化组装配套,并采取技术标准化、管理工程化等措施,平均造林成活率达到87.27%,使长期以来未能绿化的荒山大面积工程造林成活率一举超过了《造林技术规程》GB/T 15776—1995规定的造林合格标准。而且造林苗木规格增大,缩短了成林年限。造林树种大幅度增加,主栽树种总数达到33个(含灌木)。每个山头不少于5个树种,侧柏比例降至50%以下,彻底改变了徐州石灰岩山地长期以来造林绿化树种单一、林分结构不合理的局面,使生物多样性和森林生态系统稳定性得到增强,丰富了森林景观(图3-2)。

3.2　退建还山、退渔还湖

妥善解决城市发展历史过程中占山建筑、占水养殖等,是恢复城市自然风貌,强化山水城市特色的必由之路。

3.2.1 退建还山

徐州岗岭四合,山包城,城环山。据2005年编制的《徐州市市区山林资源红线保护区划定规划》,当时的市区[包括鼓楼区(含金山桥片区)、云龙区、泉山区、九里区及云龙湖风景名胜区]共有山头156座,山林面积6016.7hm²。山林中违章建筑760余处,面积近300hm²。此外,更大数量的、历史上村民依山建筑的民居,更是退建还山、恢复山林生态的难点。为保护和扩大这一片片城市绿肺,提升生态和景观质量,重塑城市风貌,十年来,在实施严格的山林红线和重点绿地保护规划、严格控制新的侵占山林绿地行为的同时,先后组织实施了云龙山、珠山、西凤山(原小长山与韩山)、白云山、南无名山等山体周围单位、村庄整体拆迁,退建还山(表3-1)。对退建出来的土地,从规划源头抓起,邀请高水平的园林设计单位参加方案竞标,进行多方案比较。从总体布局的生态性、植物配置的怡人性、广场铺装的舒适性和园路设计的便民性等各个环节反复斟酌。对生态景观区位重要、市民关注度高的重大工程,方案确定后多渠道向社会公示,广泛征求市民和社会各界的意见、建议,确保设计方案的科学性、可行性以及市民百姓的参与性和认同度。工程建设全面推行招投标制和第三方监理制,保证了工程质量。

2005~2014 年徐州市区退建还山工程　　　　　　　　表 3-1

序号	项目	实施时间	搬迁规模 /hm²	主要建设成果
1	云龙山周边	2003~2014	25	十里杏花村、云龙山敞园
2	西珠山周边	2009~2012	45	珠山风景区
3	韩山东北坡	2010~2014	42	韩山山景公园
4	泉山北坡	2013~2014	3.1	泉山森林公园
5	南无名山	2013~2014	8	无名山公园
6	子房山	2013~2014	30	子房山公园
7	白云山	2008	0.1	白云山公园
8	杨山	2013~2013	4.2	杨山体育休闲公园
9	白头山	2008~2009	1.2	白头山山景公园
10	南凤凰山	2013~2014	1.8	南凤凰山公园

云龙山退建以后,根据该区域山湖相连的自然地形地貌和历史文化资源,确立了东坡(苏东坡)文化为主题的景观恢复重建方案。植物景观的营造再现了大文豪苏东坡笔下"云龙山下试春衣,放鹤亭前送落晖。一色杏花三十里,新郎君去马如飞"的如画诗境(图3-3)。

图 3-3　云龙山退建还山之"杏花春雨"

对环绕珠山的大山头、沟湾、屯里村整体拆迁后，在拆出的80hm²区域，以道教文化为核心，通过徐州丰县籍道教创始人张道陵创教历程来展示道家文化。同时充分注重游人的参与性与融入性，以植物配植进行合理的空间布局和动静分区，特色鲜明的集休闲、生态、自然为一体的开放式主题性景区（图3-4）。

图3-4 沿云龙湖退建还山范围与前后对比图

3.2.2 退渔还湖

徐州市区云龙湖等众多水面,在很长时间内是重要渔业生产基地。这些原来位于城郊的生产性水域,随着城市规模的不断扩大,已完全成为城市内水。实施产业转移,将生产性功能水域转换成生态景观性水域,成为建设生态园林城市的必然要求。从2003年起,重点实施云龙湖养殖场、大龙口水库的退渔还湖工程,建成了小南湖、大龙湖公园。

小南湖原以鱼塘为主,兼有少量菜地、大棚、花市,地势平坦,视野开阔。公园总体布局根据原有地貌格局重塑成"W"形,使景观空间更加灵动。"W"中间的空白部分为水面,园内一池二岛、三轩五园构成湖滨休闲旅游观光区、南湖堤游览区、生态林景观培育区以及荷风岛、百花洲等区域,整个设计突出了湖堤春早、荷塘渔藕、柳浪闻莺、雪地飞鸿等四季景观。工程共开挖土方120万m^3,新扩湖域69.6hm^2,北湖沿岸根据地形地段按照1:2~1:8的坡度进行了生态护坡,形成了曲折起伏的自然景观。通过水景的改造、提炼、升华,形成以荷塘渔藕为主体景观,小桥流水、曲岸绿荫、茗苑流香,亭、园、榭、轩、阁与桥、堤、台、柳、莺,构成了一幅"静湖幽园"的中国古典人文及自然景观特色高度融合的自然山水画卷(图3-5)。

图3-5 退渔还湖前后的小南湖

图3-6 退渔还湖后的大龙湖

大龙湖的前身为大龙口水库，西、南、东坝体外围散布池塘，原水库面积1.2km²，形状规整，西北、西南、东三个方向为块石驳岸，东北方向为自然土岸。为改善新城区生态环境，2004年起以大龙口水库为主体，开始规划建设大龙湖风景区。改造后，大龙湖的水面面积达到2km²，并由原来的地面水库改造成水深3m的生态湖泊，包括周边绿地占地面积达到4.5km²。湖中新建生态三岛，以不同的生态手法展现一种"湖中有岛，岛中有湖"的意境。湖区周围建设有玉璧广场、玉璜广场、玉琥生态景观湿地、玉琮广场、玉圭体育休闲公园、玉璋广场6个不同的功能区。大龙湖风景区的建设，彻底改变了新城区区域的景观格局和生态环境（图3-6）。

3.3 露采矿山废弃地生态恢复与景观重建

徐州市石灰岩资源丰富，建材业较为发达，致使多数山体受到不同程度的损坏。随着《徐州市山林资源保护条例》、《徐州市重要生态功能保护区规划（2011~2020）》、《徐州市山体资源特殊保护区划定方案》、《徐州市开山采石禁采区调整方案》等法律和规划的制定和实施，对关闭后的露采矿山实施生态修复，使被破坏了的环境和自然景观得到有效治理，成为城市生态环境治理的一个重要方面。

3.3.1 露采矿山废弃地分布

徐州境内山体普遍分布着石灰岩矿产资源，是江苏省水泥等建材的重要生产基地。长期的开山采石，使全市70%的山体遭到破坏，分布着大小不等的露采矿山宕口。根据《徐州市山体资源特殊保护区划定方案》，2010年，全市已关闭露采开山采石矿山760个，占用土地面积1310hm²，宕口破坏土地面积814hm²。其中，市区有废弃矿山宕口106个，宕口采空区水平面积193.61hm²，垂直总面积35.17hm²。由于历史原因及采矿企业环境保护意识淡薄，特别是乱采滥挖，随意的开山采石，不仅生态破坏、景观极差，而且矿区内危岩耸立，乱石嶙峋，地质灾害时有发生，安全隐患极大。关停废弃矿山分布见表3-2。

划定山体资源保护区关停矿山分布（2010年） 表3-2

山系 名称	主要分布区	主要矿种	关停矿山企业数
苏山头—九里山—琵琶山山系	鼓楼区	建筑石料灰岩	8
无名山—广山—大山山系	云龙区—经济开发区		
峨山—王长山—韩山山系	铜山区西部—泉山区	建筑、水泥灰岩	18

续表

山系 名称	主要分布区	主要矿种	关停矿山企业数
珠山—拉犁山—大窝山系	铜山区西部—泉山区	建筑、水泥灰岩	
项山—驴眼山—大山山系	铜山区西部	建筑石料灰岩	36
洞山—泉山—云龙山山系	铜山区—云龙风景区	建筑石料灰岩	14
虎山—王小山—独龙山山系	铜山区	建筑石料灰岩	18
女峨山—曹山山系	铜山区—新城区	建筑、水泥灰岩	29
磨山—鹰山—尖山—洞山山系	铜山区东部	建筑、水泥灰岩	95
狄山—大山—京山—矩山山系	邳州市—睢宁县	建筑石料灰岩	33
青龙山—长山—莫山山系	铜山区北部	建筑石料灰岩	19
张山—大蒋门—奶奶山山系	贾汪区—铜山区	建筑石料灰岩	16
大洞山—捶子山山系	贾汪区	建筑石料灰岩	9
望母山—黄石山—城山山系	邳州市	建筑石料灰岩	5
其余零星山体	经济开发区、铜山区、贾汪区、睢宁县、邳州市、新沂市	建筑石料灰岩	39

3.3.2 露采矿山生态恢复与景观重建

为改善露采矿区生态与景观，消除地质灾害，2007~2014年，先后组织实施南凤凰山、东珠山、珠山、山头山、王山、九里山、杏山、火山、水山、广山、庙山、南无名山、大山、二龙山、白云山等42处，80hm²宕口完成生态修复和景观重建，生态恢复率39.6%。

两山口（王山）采石宕口生态恢复是徐州市最早实施的露采矿山废弃地生态恢复工程。王山宕口位于迎宾大道西南侧，是市区向东南往沪、宁方向的主要出入通道。根据采空区地貌，采取生态复绿与摩崖石刻相结合的生态和景观恢复方法，对遗留的大型垂直岩壁，修整后摩崖石刻。其他区域综合运用削、垫、支、挡和挂网喷播等技术方法，进行生态复绿。摩崖石刻的内容选用汉画像石中的出行图，与迎宾大道相对应。生态景观恢复效果见图3-7。

图3-7 两山口（王山）采石宕口生态与景观恢复效果

东珠山宕口公园，是徐州市生态与景观恢复水平较高的露采矿山生态恢复项目。工程从2009年开始分2期完成。按照依形就势原则，保留必要的采矿业遗迹，打造城市历史的时空图式，进而组合成新的矿山遗址景观，突出表现原有宕口的奇峰异石与设计的景观节点之间的完美结合，做到一步一景、步移景异，为游客提供生态的、文化的、丰富景观体验。生态景观恢复过程及效果见图3-8。

龟山是西汉第六代楚王襄王刘注（即位于公元前128年~前116年）的夫妻合葬墓——龟山汉墓所在地，具有很高的历史文化价值。但是，由于长期开山采石，山体破损十分严重。为配合龟山景区建设，2008年实施采石宕口生态恢复与景观重建。2012~2013年再次实施龟山汉墓景区提升工程，形成了山缺绿化景观区、珍珠潭景观区、龟山探梅景观区等生态片区，彻底改善了景区生态和景观环境（图3-9）。

图3-8　东珠山宕口遗址公园建设前后

图3-9　龟山采石宕口生态与景观恢复效果

3.4 采煤塌陷地生态恢复与景观重建

采煤塌陷区又称采煤沉陷区。徐州是我国华东重要的煤炭生产基地之一，开采历史悠久，采煤塌陷区数量多、规模大，化废为宝，科学、高效地利用采煤塌陷区，不仅事关区域生态环境，更事关区域经济、社会的发展。

3.4.1 采煤塌陷地分布

历史上的徐州，煤炭资源丰富，煤田总面积达到1400km^2，占全市国土面积的12.4%，开采历史悠久。

长期、大规模的煤炭开采，造成了大面积的土地破坏。采空区土地沉陷，使矿区地形地貌和生态环境发生了重大改变。据《徐州市"十二五"采煤塌陷地农业综合开发规划》，到2010年底，全市采煤塌陷地面积3.05万hm^2。其中，已治理面积1.09万hm^2，未治理面积1.96万hm^2。其中，市区常年积水1.0m塌陷地面积1.67万hm^2，其中，沛县0.43万hm^2，铜山区0.45万hm^2，贾汪区0.43万hm^2，泉山区0.17万hm^2，经济技术开发区0.18万hm^2。此外，根据开采沉陷学，预测徐州市每年还将新增采煤塌陷地0.08万hm^2。

3.4.2 采煤塌陷地生态恢复与景观重建

根据《徐州市"十二五"采煤塌陷地综合开发规划》，市区7813hm^{2}深度小于1.5m的常年积水区将维持水体不变，作为重要的湿地资源保护。至2013年末，韩桥（南湖）、权台、旗山（潘安湖）、庞庄（九里湖）等矿区6432hm^{2}采煤塌陷地已经完成湿地公园等生态恢复与景观重建，生态恢复率82.5%。

1. 庞庄矿区——九里湖湿地公园建设

庞庄矿区位于主城区西北部，至2008年，塌陷面积达到31.2km^2。这些采煤塌陷地大多存水，且深浅不一，最深处达到6m。但水面并不是一个整体，有的变成了一个个鱼塘，有的成了垃圾倾倒场，还有的在无水处建起了小工厂，环境与景观严重脏、乱、差。为改变这种区域生态环境状况，2007年将这片塌陷地生态重建列入市重点工程进行建设。九里湖发展架构为一湖两轴八片区，总体规划范围3080hm^2，起步区范围1120hm^2，主体湖面350hm^2。2010年《徐州九里湖湿地公园总体规划》通过江苏省林业局论证，2012年成为"江苏省省级水利风景区"，2013年，国家林业局正式命名九里湖湿地为国家湿地公园，成为主城区西北部生态文化新区和绿色能源之地的"点睛"之笔（图3-10）。

2. 权台、旗山矿区——潘安湖湿地公园建设

权台、旗山矿区位于主城区与贾汪区政府驻地的中间地带。湿地公园规划总面积5289hm^2。其中，核心区面积1600hm^2，外围控制面积为3689hm^2。整个湿地公园景区分为北部生态休闲区、中部湿地景观区、西部民俗文化区、南部商旅服务区和东部生态保育区五个部分，以展示湿地生态、发展农业观光、水上娱乐、科普教育、度假休闲生态经济区为目标，重在体现农耕文化、民俗文化和自然生态景观。其中，湿地景观区设置了大小9个湿地岛屿，岛上主要以香花植物为特色，每个岛主题各异，古典与现代交织，中式传统与西方浪漫风情相映，动静结合，令人回味无穷。2013年被

图 3-10　九里湖采煤塌陷地生态恢复前后效果图

水利部评为第13批国家级水利风景区，2014年6月被评为国家4A级旅游景区（图3-11）。

3. 大黄山矿区——大黄山公园建设

大黄山矿区位于徐贾快速通道以东、京杭大运河以南，徐州经济技术开发区与贾汪区交界处，1958年建成投产，2000年1月矿井停止采掘活动封井。矿区所在区域水文地质条件复杂，小断裂构造极发育，采煤区土地塌陷严重，大面积沟塘、荒草丛生，成为周边地区建筑垃圾的堆放场。2014年7月，徐州经济技术开发区实施大黄山矿区生态恢复与景观重建，通过水系整理，建设生态绿岛，使这个昔日"老荒滩"焕发出清新自然的秀丽风姿。

已建成的"大黄山公园"占地53hm²，其中水体面积12.7hm²。设有湖景林地、蜿蜒山谷、生态苗圃、自然湿地四个游览空间。"湖景林地"利用低洼地势形成湖光景色，沿湖生态驳岸砌设，打造水系、驳岸、亲水平台；"蜿蜒山谷"就地造景，打造蜿蜒起伏的自然山谷，融人文、自然景观于一体；"生态苗圃"采用植物片植，多层次色彩推进，形成一片具有生态、经济效益的苗圃景观；"自然湿地"保留湿地的原生肌理，依势造景，打造芦苇荡、荷花荡、水杉岛、林荫道等生态自然景观（图3-12）。

图 3-11 潘安湖采煤塌陷地生态恢复前后效果图

4. 张双楼矿区——安国湖国家湿地公园建设

张双楼煤矿矿区位于沛县安国镇，塌陷区西临龙口河，南临张双楼大沟，西距大沙河2.5km，东离徐沛河1.5km，总面积约1100hm²，其中水面533hm²。经过20多年的自然演替，塌陷区逐渐发育为具有一定生态服务功能的近自然湖泊湿地。2006年划为"生态敏感区"，2009年被确定为南水北调东线工程沛县尾水导流及资源化利用工程区。为进一步优化生态与景观环境质量，服务国家南水

图 3-12 大黄山公园

北调工程，造福地方人民，2013年实施国家级湿地公园建设，其中一期工程约600hm^2，于2014年底完工。湿地公园建设融合塌陷地治理、生态保护、水资源综合利用和文化旅游4种元素，以生态系统的修复与重建为重点，改变单一的植物群落，丰富水生植物群落；改变鱼类物种组成，调整湿地水体的营养结构，加快水质的恢复和生态系统的完善；开展科普宣教、科研监测以及湿地管护等相关工程建设；依托安国历史文化资源①，增加人文元素，提升公园特色。建成后的安国国家湖湿地公园有水质净化区、湿地体验区、汉文化主题区、荷塘游憩区、科普教育区、观光农业区、林带涵养区、天然生态区（十里芦苇荡、百里花园岛、千亩荷花塘、万鸟栖候区）八大功能区（图3-13）。

图3-13 安国湖国家湿地公园

① 沛县安国镇有"五里三诸侯，帝王将相乡"之美誉，是汉高祖刘邦少年、青年时期生活过的地方，同时也是汉初名相绛侯周勃、安国侯王陵、颍阴侯灌婴三位诸侯的故乡，三诸侯居住的村子彼此相距不足5里。

3.5 水环境综合治理与景观重建

水环境是城市空间结构的重要组成部分，在现代城市中具有环境、生态、景观、文化、心理等多方面的综合价值。水环境是衡量一个城市居住、投资与旅游环境好坏的重要标志，在城市可持续发展中占据重要地位。

3.5.1 水环境综合治理

由于历史原因，徐州市区原来的生产、生活污水都是直接入河，造成市区河道水体污染、河道黑臭、水环境差，对市区社会管理、城市运行和人民群众生产生活也造成很大的影响。

徐州市委、市政府较早认识到城市黑臭水体治理的必要性。20世纪90年代开始实施奎河综合整治工程，先后对沿岸数百家企业进行点源污染治理，对流域排水管网进行改造，建设污水处理厂，实施清淤治污，水系贯通，增添生态驳岸，进行景观建设等系列工程。2006年实施故黄河综合整治工程，对通往故黄河的排污口全面封堵，污水导入截污管网。2013年起推出"水更清"行动计划，将黑臭水体治理推向全市。

一是全面控源。对市区"七湖"及河道范围内的畜、禽、渔养殖业和工业企业点源污染实施关闭、搬迁。污水接管，面污染源实施口门控制。

二是扩面截污。在奎河、故黄河市区段截污基础上，实施故黄河丁楼闸上段截污、玉带河截污完善等工程。超前建设污水处理厂，目前，规划区域内已有10座城市污水处理厂，处理能力不仅考虑当前需要，还适度扩大。如经济开发区污水处理厂已建规模4.5万吨/日，实际处理量2.8万吨/日；西区污水处理厂已建规模2万吨/日，实际处理量0.65万吨/日。

三是分步推进雨污分流。目前新城区、徐州经济技术开发区、徐州国家高新技术产业开发区等新开发建设地区均采用雨污分流制。原来雨污合流制的区域，如老城区和荆马河、丁万河收集区等，采取截流式合流制为主的方式。

四是水系贯通。在2009年成功实施"引黄济奎"的基础上，全面实施故黄河与市区各河、湖的水系贯通工程，对补水线路进行清淤疏浚整治。西区通过实施丁楼、南望净水厂建设和玉带河综合整治，改善故黄河和云龙湖的入水量和水质。北区实现了故黄河与九龙湖、楚渊、徐运新河、荆马河、丁万河、京杭大运河、子房河、马场大沟、沈孟大沟、八里大沟等"九河二湖"的贯通。东区实现了故黄河与三八河和老房亭河的贯通，南区实现了故黄河与大龙湖及下游水系的贯通。水系贯通工程使市区河、湖全部"为有源头活水来"。

五是生态修复。对完成截污、贯通补水工程的水体，增加种植挺水植物、设置生态浮岛、修建生态护坡等技术措施，提高水体自净能力。

六是尾水资源化利用。建设尾水专线接入导流工程，提高水资源利用效率。

"水更清"行动计划的实施，将流经市区的一条条黑臭河变成了一条条水清鱼跃人欢畅的大型开放式滨水花园绿地，更使雄性的徐州增添了几多柔情。

3.5.2 典型黑臭水体治理与景观重建

1. 徐州内港——九龙湖公园

徐州内港——九龙湖公园位于中山北路与二环北路的交叉口，公园面积18.74hm²，其中水体面积7.4hm²。

设计以原港池为中心，整合港区货场等，拆除规划范围内居民及企业危旧房屋3.4万m²，对湖区彻底清淤，水为主题，突出"开放、文脉、生态"的有机结合，采用现代造园手法，以公共艺术品为亮点，营造九龙湖公园亲水、透水、造水、沐绿、透绿、造绿的景观效果。公园2006年建成，2010年实施改造，划分为四个区域：生态游园景观区以自然植物群落组合为主，栈桥体验景观区以水杉为主调树种，栈桥两侧及附近水域栽植水生植物和水生花卉。主题广场景观区以高大乔木如香樟、银杏、榉树等为主调，形成绿化效果、活动广场、休息环境三位一体的树阵式广场活动空间。康体活动景观区以柳树、竹林为主，配以乔木林带等（图3-14）。

图3-14 徐州内港——九龙湖生态恢复与景观重建效果

2. 徐运新河带状公园

徐运新河是原徐州内港进出京杭大运河的联络水道。随着徐州内港的迁建，其运输使命亦告完成，为打造滨水带状公园提供了条件。

徐运新河两岸绿化总面积12.5hm²。绿化苗木以银杏、垂柳、紫荆等、朴树、榉树等乡土树种为主，配以香樟、桂花、女贞等常绿植物；滨水区种植芦苇、香蒲等水生植物。两岸的硬化驳岸以上种植地被植物，保护水土。

徐运新河沿岸绿化的一个特点，就是慢行系统贯穿其中。并在东岸分别建设了健身广场、廊架休闲广场和树阵广场3处广场，通过游步道和绿化带将各个广场有机串联，并在广场中设置花架、亭廊及座凳等设施。河道绿化带内形成无障碍的健身骑行绿道，与健身步道相结合，构成市民的休憩、健身通道。

徐运新河带状公园与九龙湖公园、荆马湖带状公园、两河口（丁万河带状）公园、三环北路生态廊道相交联，并与祥和路绿地等有机结合，形成北区完整的生态网络，辐射到清水湾、华夏生态园、朱庄小区等十余个小区（图3-15）。

3. 丁万河带状公园

丁万河于1984年由市政府组织民工开挖而成，它西起丁楼与故黄河相通，东至万寨与京杭大运河相连，全长12.5km，流域面积27.5km²，是市区北部城市防洪、调水等功能性重要河道。历经近30年的运行，河道淤积严重。特别是沿河分布的17家煤码头、几十家沙石堆场、113家化工小企业及一批养殖场，环境很差。

为加快修复丁万河道生态系统，改善沿线居民居住环境，提升城市发展空间，改善丁万河水质，2010年起对沿河码头、工厂、养殖场实施搬迁关闭，2012年起对河道进行综合治理，形成"一带（沿河绿化景观带）三园（楚园、劳武港、两河口公园）"空间布局的城市河湖型水利公园。

（1）沿岸绿化与景观重构

在河道清淤的基础上，沿河铺设排污管网。拆除重建6座生产桥，改造装饰6座公路桥等。两岸护岸直立挡墙及斜坡式生态护坡相结合，河道两岸建10m宽绿化带，内设游步道，临水设置2~3m栈道、亲水平台、花岗岩护栏。三层错落有致的绿化带、曲折蜿蜒的临水栈道和游步道及经美化的排水设施、高效节能的太阳能路灯等，构成美丽的景观河（图3-16）。

图3-15　徐运新河生态恢复与景观重建效果

图 3-16　丁万河河道两岸绿化

图 3-17　楚园

（2）楚园

原名玉潭湖公园，是丁万河上最早建设的公园。2013年初，为彰显彭城西楚文化历史，对玉潭湖公园实施改造，建设以浪漫、自由、奔放的西楚文化为主题的城市公园——楚园。改建后的楚园占地约43hm²，其中水域面积约21hm²，总体布局"一湖一岛二环三桥五广场"，一湖指原玉潭湖，现更名为虞渊，位于楚园中心。凭湖远眺，依稀可见金鼎屿。沿湖的亲水步道和4m宽的环湖主园路合称为"二环"。青萍桥、锦衣桥、东归桥为"三桥"，五个亲水广场分别是鸿门广场、春华广场、巨鹿广场、秋思广场和人杰广场（图3-17）。

将西楚文化融入园林景观建设，着力打造独具匠心的楚韵风光，是楚园建设的最大特点。漫步楚园，园内每个区域都呈现浓厚且不同的西楚文化内涵。沿园路布置刻有咏楚诗句的楚文化石雕、形似祥云的楚文化符号坐凳、古代兵器"戈"形的路灯以及白墙青瓦的仿古建筑，营造出浓浓的楚文化氛围。

（3）劳武港防灾避险公园

劳武港防灾避险公园总体布局为"两轴一带，一心多点"。按整体功能与景观分区为防灾教育景观区、救灾纪念景观区、森林休闲区、趣味养生花园区以及康体乐活景观区等六大片区。植物种植考虑平灾结合、丁万河生态廊道、景观游憩和防灾避险的功能需求，整体呈"边缘两带展开，中部块状嵌套"的布局结构，主要树种有银杏、垂柳、木荷、大叶女贞、枫杨、悬铃木、青桐、广玉兰、榉树、重阳木等（图3-18）。

（4）两河口公园

两河口公园位于丁万河与徐运新河景观带的交汇处。公园突出生态、净化、观赏、休闲的建设目标，分为台地景观区、湿地景观区、森林体验区三个区域。利用原有煤炭堆场的高差，做成台地景观，并将带有"煤"元素的景观小品融为其中，同时围绕水系设计了多种景观节点，设有滨水廊道、钢构景观桥、榉树林小广场等景点。植物配置主要采用香樟、水杉、桂花、广玉兰、杜鹃、垂丝海棠等（图3-19）。

图3-18　劳武港防灾公园

图3-19　两河口公园

4. 三八河带状公园

挖掘于20世纪50年代的三八河，从郭庄起，绵延至房亭河止，全长近6km，是市区东部云龙区中部的一条重要的防洪排涝功能性河道。在将故黄河水引入三八河（和老房亭河）的基础上，沿河道北岸建设以生态防护为主导功能的景观带，在河南岸汉源大道至备战路约3500m区段，分三期建设了宽25~30m滨河带状公园（图3-20）。

一期工程位于庆丰路至兴云路段，配合南侧大型居住小区，突出"新空间、新生活、新享受"三大主题，总体布局以位于中段的主入口为景观轴线向两侧延伸，沿岸布置各类亲水构筑物，主要功能区块有树阵广场和下沉式亲水平台区、生态密林游览区、花卉观光区、滨水漫步区和芳香品茗区，满足居民休闲、健身、游赏等多种功能需求。

二期工程位于兴云路至汉源大道，根据周边用地属性及场地傍水的自身特点，提炼"舞"的形态，打造穿越林中的感官体验：长草飘舞、落英飞舞以及走在林荫下心情的欢舞，最终形成"林中曼舞"的整体观感。公园将建有蜿蜒的飘带状道路串联全区，还将古朴大气的徐州汉文化风格运用于设计当中，形成简洁、多变、醒目的季相景观，让游客在行走过程中感受季节的变化和河岸生态廊道的独特魅力。

三期工程位于庆丰路至备战路间，东近万达广场，中西部为大型居住区。公园以"逸景、怡人、宜居"为目标，分为商业滨水景观区和居住滨水景观区两大区块。商业滨水景观区围绕"打造开敞办公商业景观"，设有商业中心广场、休闲廊架广场、弧形挡墙广场、健身广场等节点和临水步道。居住滨水景观区围绕居民休闲、健身，设有儿童游戏广场、休闲亭廊、休闲树阵广场、健身广场等节点和临水步道、临水平台。

5. 奎河带状公园

奎河始挖于明神宗万历十八年，是一条人工开凿的泄洪河道，距今已有400多年的历史。它源自云龙湖，北流到建国路后折拐南流，过奎山，从铜山区三堡镇黄桥进皖境注入濉河（然后汇入淮河），在徐州市境内长25.75km。

奎河为市区南部主干排水河道，污染问题最早得到市委、市政府的重视，从20世纪90年代后期

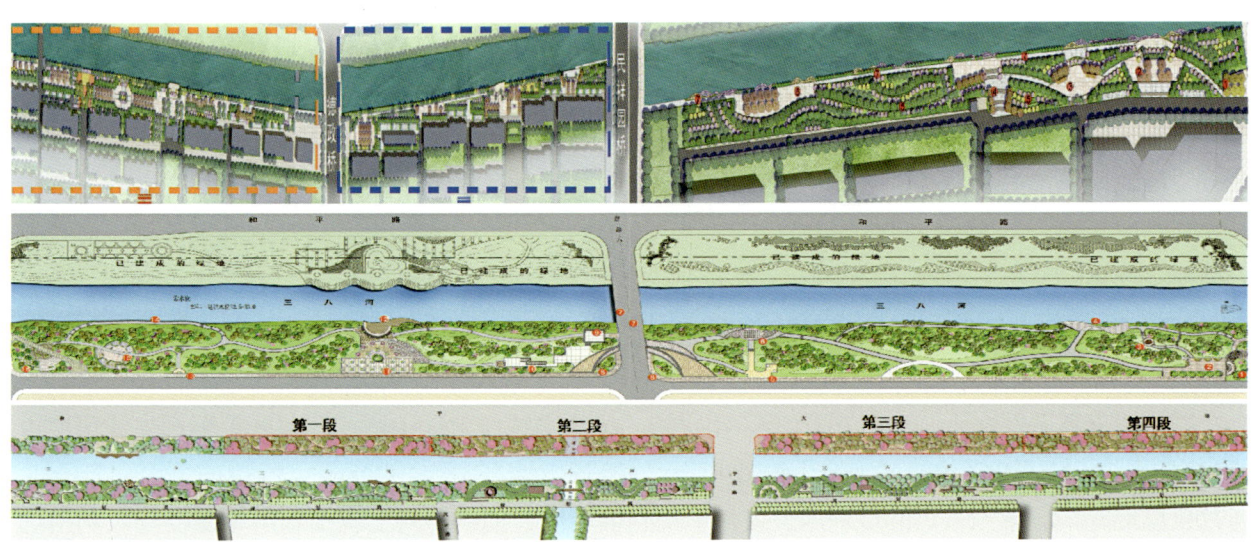

图3-20 三八河带状公园总平面

图 3-21 奎河上的节点公园

开始治理，2005年实施老城区段清淤护坡和截污管的疏浚、修复等，并实施景观性改造，建设了春园、夏园、秋园、冬园4处景观，新增绿化面积1.5万m^2。1998~1999年，在奎河与故黄河（迎宾路）夹角处建设迎宾园。2009年实施"引黄济奎"工程。2010年后对"引黄济奎"补水点以南的河段进行水环境综合整治，并推进两岸园林景观建设工程。经过前后20年努力，"一河脏污水，两岸痛心泪"彻底成为过去（图3-21）。

3.6 垃圾填埋场生态恢复与景观重建

垃圾填埋场是一种特殊的土地资源。垃圾填埋虽然解决了城市建设和人们生活中产生的固体废弃物的安置问题，但这种处理方法也带来了一系列的生态问题[9]。恢复退化景观的利用价值，具有重大的现实意义。

3.6.1 建筑垃圾填埋场生态恢复与景观重建

据徐州市环卫处统计，2011~2013年3年平均，徐州市区（含铜山区、开发区）年产生建筑垃圾约1470万m^3，其中新建建筑工地产生约924万m^3，拆迁工地产生约492万m^3，拆违产生约54万m^3。通过采煤塌陷地、采石宕口回填利用、绿化工程回填覆绿、铺路、网上调剂利用等途径回收利用约89%，其余进入建筑垃圾填埋场。

图 3-22 九里山建筑垃圾填埋场生态恢复景观

九里山建筑垃圾填埋场生态恢复与景观重建始于21世纪初，最初作为"全民义务植树基地"，因立地条件差，每年绿化效果很不理想。2007年，市委、市政府将"九里山建筑垃圾填埋场生态恢复与景观重建"纳入"市区山地绿化工程"重点推进。工程针对建筑垃圾填埋场立地特点，造林设计为穴状整地、客土回填种植穴。主要造林树种采用大叶女贞、黄连木、苦楝、刺槐、白蜡树等。苗木规格为乔木树种地径3cm以上，灌木地径1cm以上。块（带）状混交。为提高造林成活率，栽植时使用保水剂（干粒，用量为乔木30g/株，灌木10g/株）和ABT3号生根粉（20mg/kg）灌根栽植。浇透水后覆盖60cm见方的黑塑料薄膜，防风、防热、保温、保水、抑制树穴内杂草生长。

经过三年自然生长，以木本植物为主体的植被已覆盖整个坡面，野生植物也大量侵入定居成功。在调查的三个样地中，共发现植物26种，除造林用的5种乔木树种外，增加灌木、草本21种[10]。坡面已经形成了以乔木植物为主体，灌木、草本植物密集覆盖，且能自然协调生长和演替的植物群落。建筑垃圾山完全得到覆盖，塑造出与周边山体协调一致的视觉景观，见图3-22。

3.6.2 生活垃圾填埋场生态恢复与景观重建

生活垃圾是城市最大的垃圾来源。徐州市雁群生活垃圾处理场位于铜山区大彭镇境内苏皖交界处310国道旁，主要承担市区居民日常生活垃圾的填埋处置工作，2005年建设，2006年验收并投入使用。规划占地67hm²，设计日处理能力1500t，计划使用12年。已建有环场道路、一至四号填埋坑、渗沥液调节池、污水处理站、沼气站等主体工程以及生产生活管理用房、供配电和应急自发电系统、自动称重计量地磅房、自动洗车平台、场区监测监控系统、给水排水系统等配套工程。

生活垃圾填埋场场区绿化是阻断和消减填埋场对周边空气环境质量影响的一种有效方法。雁群垃圾填埋场在建场伊始就在周边设置了大型生态防护林带。投入使用后，按填满一区绿化一区的原则，加强场区绿化建设和管理。2014年又对填埋场管理区和现场作业区之间的场前区地带和场区部分原有绿化带进行了景观提升改造。场区边界周边保留高大挺拔的杨树作为防护隔离树。场内道路以栾树、女贞、法桐为行道树。路东侧随形就势开挖一条蜿蜒曲折的人工溪，溪水中种植睡莲、美人蕉、香蒲草等水生植物并放养了锦鲤，鱼戏草间别有意趣。溪边铺设驳岸石，溪头堆砌假山，瀑布自上流入溪水，更添幽静。绿化带增种了香樟、枇杷、泰山松等常绿乔木，引种了乌桕、红枫、紫叶桃、碧桃、火炬树树等色叶树种，边旁种凌霄、紫藤和蔷薇等藤蔓植物，摆放形态各异的灵璧

图 3-23　雁群生活垃圾填埋场生态恢复景观

石,铺设石板小路,建设长廊和景观亭,曲径通幽,一步一景。填埋场区栽植耐寒、耐盐碱、抗污、耐硫的女贞、石楠、红叶石楠、大叶黄杨等常绿植物,地面种植红花酢浆草、鸢尾、白三叶等地被,进一步从季相变换和竖向层次上加以丰富。徜徉林间小路,倾听瀑布水流,观赏各色植物,三季有花,四季有景,身临其境如在置身公园,彻底改变了垃圾填埋场在民众心中的形象,将雁群场改造成一座真正的园林式景观垃圾场(图3-23)。

参考文献

[1] 温婷,蔡建明,杨振山,等. 国外城市舒适性研究综述与启示[J]. 地理科学进展,2014,33(2):249-258.

[2] 徐则民,唐正光. 石灰岩腐岩的基本特征及其形成机制[J]. 地质论评,2007,53(3):421-428.

[3] 陈朝辉,方国祥. 岩溶山区土壤形成机制与石山改造利用[J]. 中国岩溶,1997,16(4):393-396.

[4] 曹建华,袁道先,潘根兴. 岩溶生态系统中的土壤[J]. 地球科学进展,2003,18(1):37-44.

[5] 李阳兵,侯建筠,谢德体. 中国西南岩溶生态研究进展[J]. 地理科学,2002,22(3):365-370.

[6] 秦飞,陈平,王朋,等. 我国石灰岩地区森林培育技术研究进展[J]. 中国水土保持科学,2009,7(4):120-124.

[7] 秦飞, 关庆伟, 陈平. 石灰岩山地工程造林技术设计及效果调查[J]. 林业科技, 2009, 34（4）: 27-31

[8] 秦飞. 徐州市石灰岩山地生态风景林营造技术研究[D]. 南京: 南京林业大学, 2010

[9] 赵培蕾, 王大艳, 王鹏飞. 垃圾填埋场废弃地的生态恢复与可持续景观设计[J]. 华中建筑, 2012, （4）: 114-116

[10] 李亚丽, 王维, 秦飞, 等. 植被恢复对建筑垃圾填埋场土壤理化性质变化的影响研究[J]. 林业科技, 2013, 38（6）: 25-27

4 园林营造

园林是时代、思想、情感、审美观念的结晶,是社会发展形象化的记录[1]。园林的意境产生在造园前,也存在于园林景物的创造过程中,指导着景物的构筑。虽然意境和景物是两个不同方面,但园林景观的营造构筑,是以园林景点景物所要表达的意境为指导的。

中国古典园林以构成自然的基本要素——山、水为灵魂,植被做装点,一众造型别致、结构精美的建筑为园林景观中的主题和构图中心,并大量摄取古典诗词绘画、高人雅事布景,各种要素有机结合,协调一致,互相映衬,互相渗透,从而达到"情与景汇,意与象通"的意境。

随着科技与经济的发展,文化与生活方式的变迁,现代生态文明建设的需要,以及西方现代艺术理论对我国环境景观观念的影响下,现代徐州园林不仅从围墙中走了出来,而且由城市园林发展到园林城市和生态园林城市,园林营建基本要素构成依旧,但核心功能、景观中心和营建技法则发生了重大变化。

4.1 空间与地形处理

地形是造园的基础,它构筑了场所的空间关系和结构,从而带给场所不同的形态和风格。"徐派园林"在空间与地形处理中,既考虑场址所处功能区及主导服务人群的差异性和特殊性,又注意充分发挥场地资源禀赋,合理规划利用,以此达到传承历史,融入地域文化的目的,强化徐州地域特色,增强公众心理上对城市的认知感与归属感。

4.1.1 因地就势、充分体现自然风貌

《园冶·相地》"园基不拘方向,地势自有高低;涉门成趣,得景随形,或傍山林,欲通河沼"。徐州城市山包城,城环山,依山带水,岗岭四合。徐派园林得自然山水之便利,充分结合自然地形、地势、地貌,通过对山水要素的运用和塑造,体现乡土风貌和地表特征,切实做到顺应自然、返璞归真、追求天趣,就地取材、聚珠荟萃、构筑造园,已成蔚为大观之景象。

彭祖园原址为两座东北—西南走向相连的山头,东西较窄,南北狭长,两端经缓坡过度而为平

地，山体西北侧有雨水集洪沟。公园建设空间布局完全依托自然地形地貌特征，仅对西侧集洪沟进行疏浚扩展，并利用自然落差，构筑条带形水景区，形成湖在前、山在后，山水相依的格局，成为"源于自然，高于自然"的经典（图4-1）。

珠山公园，全园依山而建、临水为景，将环绕整个珠山、总占地面积80hm²的超大区域，打造出真山真水的园林景观，墨绿莽苍的珠山与碧波粼粼的云龙湖，壮美的山水格局，将北方的磅礴大气和南方的钟灵秀丽尽情挥洒。植物景观营建以苍劲、威严的侧柏山林为基底，乡土树种为主体，根据不同微地形，适当配以水杉、映山红、红梅、水果篮、红玉兰、白玉兰、香樟、广玉兰、石楠、桂花等南方树种，较好地展现了"北雄南秀"的地域文化特质，彰显出生态徐州建设的恢宏大气（图4-2）。

狮子山汉文化园原址东部为狮子山，西部为砖窑取土形成的深坑，北部为骆驼山，总面积近百公顷。公园布局依自然地貌和楚王陵及兵马俑坑遗址，在对各类占山建筑整体拆迁的基础上，充分运用原有自然地形和空间，采用对景、错景等用法，实现各景点互相借用，最大限度扩展景区内部的空间渗透力，多层次地烘托整个汉文化主题公园的历史文化氛围和新景观的结合，全园布局完全顺应自然、返璞归真、就地取材（图4-3）。

云龙山北麓敞园改造工程中，为再现云龙山奇特的地理风貌，清除了山体上原有附着物，充分凸显山体自然形态，漫山遍野的绵羊石在侧柏和湿地柏的掩映下或蹲或卧，惟妙惟肖，宁静的水面，遒劲的松柏，让人仿佛置身画卷。还原了千年前苏轼笔下"满岗乱石如群羊[①]"的诗画景象（图4-4）。

图4-1 彭祖园

图4-2 珠山公园

图4-3 狮子山汉文化园

图4-4 黄茅岗群羊坡

---

① 苏轼《登云龙山》。

4.1.2 以民为本,构建现代园林空间

传统园林的空间布局,通常以景观为中心,"尽错综之美,穷技巧之变",要求景致随人们的游览进程,构成一个个整体序列,即园林空间的动态展示序列,其一般规律是:起景阶段→过渡阶段→高潮阶段→结景阶段。这种景观中心的空间布局方式已不能充分满足现代城市公共园林的功能要求。

徐州园林在空间构建中,一方面在展示序列方式上不再局限于单一展示程序,大多采用多向入口、循环道路系统、多条游览路线的布局方法,在以一条主游览路线组织全园多数景点的同时,又以多条辅助的游览路线为补充,以满足游人不同层次的游园需求。另一方面,在空间类型上,不再局限于景观(浏览)空间的打造,而是将运动(休闲)空间的构建放到突出位置,以充分满足市民多样化的需要。

奎山公园在空间的布局上,设计了以曲线为脉络的闭环道路系统,采用以多主题景观为核心的循环序列布局,设置了多向入口,通过蜿蜒曲折的园路达到了各景点之间以及各景点与各出入口之间的循环沟通。在保持全园总体循环序列的同时,公园以各入口为起景,以相关的景区景点为构图中心,设置多条游览路线,以方便游人的集散,进而更加合理地组织空间序列。这种分散式游览路线的布局方法,既满足了要容纳高游客量的客观需求,又易于使游人产生步移景异的新鲜感,增加公园的观赏性(图4-5)。

云龙公园改造中,充分考虑不同需要,依据不同空间的特点,营造出风格各异的空间氛围。如东大门入口、十二生肖广场和旱喷广场等,即以宽阔平坦的绿地、舒展的草坪或疏林草地,来营造开朗舒爽的空间氛围。知春岛、王陵母墓、牡丹园、水杉林、滨水休闲区通过高低错落的地形处

图4-5 奎山公园

图 4-6 云龙公园的活动空间运用

理,以创造更多的层次和空间,以精、巧形成景观精华,通过各类空间衔接串联和丰富的植物配置,营造出层次多变的园林艺术空间,让人既能登高远眺,包揽美景,也能在绿树丛林中享受那份惬意,进一步拓展了城市的亲民空间,将公园融入城市中去,成为徐州市中心集生态、展示、游览、休闲活动等功能于一体的敞开式城市公园绿地(图4-6)。

4.1.3 以小见大,营造宜人园林场景

城市园林绿地选址要受到城市绿地系统布局均衡性等的限制,场址选择往往比较平庸,这时就需要从水平和垂直两维空间打破整齐划一的感觉。空间节奏韵律的把握与和谐的比例尺度,是园林形态美的必要条件。地形的高低、大小、比例、尺度、外观形态等方面的变化,创造出丰富的地表特征,为景观变化提供了依托的基质。通过适当的微地形处理,以创造更多的层次和空间,以精和巧形成景观精华。如徐州植物园红枫谷和东坡运动广场的设计,前者在小块平地上,筑出浅浅谷

图 4-7　徐州植物园红枫谷

图 4-8　东坡运动广场跌水景观

地，营造出一种幽深感（图4-7）；后者则在小块缓坡地上，利用自然地势高差，筑出曲折小溪，形成三层跌水景观，平添了一份自然野趣（图4-8）。

4.2　植物与群落配置

园林植物与群落配置，是实现园林的生态功能与景观功能的核心。徐派园林在园林植物应用上，立足乡土植物作为绿化的基本材料，大力开发利用地带性园林树种，同时适当引种外来树种增加景观效果，尽量丰富树种的种类，积极营造新型绿地人工群落，增强和完善徐州绿地功能。

4.2.1　构建地域特征的园林植被

园林植物群体的外貌特征主要取决于优势群落。

1. 徐州地区地带性植物

徐州地区属于暖温带南部，地带性植被为落叶阔叶林，植物区系成分十分复杂。据2012年的调查，徐州市森林植物群落共有木本植物53科98属187种，草本植物74科293属562种，蕨类植物16科22属28种，苔藓植物16科30属89种。低山丘陵森林植被分为2个植被型，5个群系组，12个群系。种子植物的地理成分，世界分布类型55属，泛热带分布类型74属，热带亚洲至热带美洲分布类型2属，旧世界热带分布类型12属，热带亚洲至热带大洋洲分布型7属，热带亚洲至热带非洲分布类型9属，热带亚洲分布类型2属，北温带分布及变型95属，间断分布于东亚和北美亚热带或温带地区13属，旧世界温带分布型（指广泛分布于欧洲、亚洲中—高纬度的温带和寒温带的属）31属，温带亚洲分布类型25属，地中海区、西亚至中亚分布型5属，东亚分布及其变型30属，中国特有属徐州市分布的中国种子植物特有属6个[2]。

2. 园林植物应用特征

据2012年的调查，徐州市园林绿化应用的植物共有104科、264属、342种（包括所有变种、亚种和变型，不包括温室盆栽品种）。其中，乔木96种，灌木藤本122种，宿根花卉及水生植物、草坪等共124种。乔、灌、草物种比例约为2.8∶3.6∶3.6。342种园林植物中，乡土植物52科223

种,约占调查植物种类总数的65.2%,其中乔木67种、灌木66种、草本和水生植物90种。外来引进植物有119种,占调查植物种总数的44.8%,其中乔木29种、灌木藤本56种、草本和水生植物34种[2](表4-1)。

徐州市园林植物的来源分析(2012年,梁珍海等) 表4-1

类型	乔木种数	灌木种数	草本植物种数	合计
乡土	67	66	90	223
引进	29	56	34	119
合计	96	122	124	342

从表4-1园林植物的来源分析可见,徐州园林植物应用以乡土树种为主体,外来植物有益补充,相得益彰。据调查,每个公园使用的园林植物,木本植物平均为46种,其中落叶乔木占71.9%,常绿乔木占28.1%;灌木树种平均为14种,其中,落叶灌木占21.4%,常绿灌木占78.6%(图4-9)。

银杏—淮塔	榉树—淮塔	竹子—植物园
朴树—故黄河公园	柿树—百果园	水杉—彭祖园
乌桕林—淮塔	三角枫—淮塔	栾树—植物园

图4-9 徐州公园绿地中的典型乔木

4.2.2 构建富有表现力的复层式植物群落

构建复层式植物群落，是提高生态系统生产力，丰富景观多样性的有效途径。徐州园林在植物配置上，注意挖掘地处南北气候过渡带、四季分明，植物种类南北兼备的优势，在"近自然"原则下，植物配置上结合场地的自然风貌特征，以及因地制宜的微地形设计，注重常绿与落叶、乔灌木与花草、观赏特性和季相变化的搭配，建设科学合理的复层结构的绿地，营造出多树种、多色彩、多层次、富变化、主题突出的植物群落景观。

1. 观赏型人工植物群落构建

观赏型人工植物群落是生态园林中植物利用和配置的一个重要类型，从景观、生态，特别是人的心理和生理需求等方面，综合考虑、合理进行配置而形成的以观赏为主要目的的人工植物群落。

（1）对比与协调的统一

运用节奏与韵律，统一与微差，对比与协调等美学原则，采用有障有敞、有透有漏，有疏有密、有张有弛等手法造景，富有季相色彩，给人以美的享受。如云龙湖东岸和云龙山"杏花春雨"段，以侧柏山林为背景，构建了由杏（桃）、玉兰、柳树和连翘（迎春）为骨干，相互交织的6条色带，无论身居道路，还是在湖中，都能观赏到丰富的美景（图4-10）。彭祖园、户部山、东坡运动广场……，无不形成"步移景换"的流动画面（图4-11）。

图4-10 云龙湖东岸和云龙山"杏花春雨"段植物景观

顺堤河公园

彭祖园

户部山西坡

东坡运动广场

潘安湖湿地公园

森林公园

图4-11 徐州公园绿地典型植物群落

（2）意与形的统一

强调意与形的统一，情与景的交融，利用植物寓意联想来创造美的意境，寄托感情。如利用荷花表达高洁，苍劲的古松象征坚韧不拔，青翠的竹丛象征挺拔、虚心劲节，傲霜的梅花象征不怕困难、无所畏惧，荷花象征高洁。利用植物的芳名如桃花、李花象征"桃李满天下"，桂花、杏花象征富贵、幸福，合欢象征合家欢乐，利用丰富的色彩如色叶木引起秋的联想、白花象征宁静柔和、黄花朴素、红花欢快热烈等（图4-12、图4-13）。

图4-12 云龙公园植物之"境"

图4-13 云龙湖荷花

2. 科普知识型人工植物群落

是指运用植物典型的特征建立起各种表达不同科普知识的人工植物群落,在良好的绿化环境中获得知识,激发人们热爱自然、探索自然奥秘的兴趣和爱护环境、保护环境的自觉性。

徐州植物园除了集纳徐州现有的常见园林植物外,还引进了一些热带、亚热带及雨林植物,建设了玉兰园、药物园、暖温带南缘树木园、乡土树木园、松柏园、彩叶园、蔷薇园和盆景园、观赏温室等专类园中园,可使游人在观赏植物的同时学习到有关植物学的不少知识(图4-14)。

此外,楚河公园在自然生态景观区也建有紫薇园、梅园、樱花园、木瓜园、松林园、琵琶园、枫香园、海棠园、石榴园、桂花园10个特色专类植物园。

图4-14 徐州植物园部分植物专类园

3. 文化环境型人工植物群落

徐州历史遗存、遗迹众多，纪念性园林、风景名胜等要求通过各种植物的配置使其具有相应的文化环境氛围，形成不同种类的文化环境型人工植物群落，从而使人们产生各种主观感情与宏观环境之间的景观意识，引起共鸣和联想。

淮塔公园较好地应用了植物进行意境创造[3]，在总体规划设计上，突出了纪念建筑物的园林效果，强调了园林种植的实用、观赏、衬托功能。树种的形体、色彩、适应的季节，与景点的关系上都做了最恰当的选择，绿化种植与人文景观相互谐调，相得益彰。整个园区既是一个有机的整体，又都各具特色。

纪念塔区：雄伟庄严的纪念塔是园林的主体建筑，塔的正面是一条宽的花岗岩石台阶直达中心广场。根据这一主体建筑，绿化重点放在纪念塔四周及正面台阶一段，为了增强塔的庄严性，在塔后山上造侧柏林，左右两侧配置黑松林，纪念塔宛如一棵玉柱屹立于苍松翠柏之中。从山脚到塔的台阶两侧列植两行雪松和银杏。台阶组中的平台上设两组对称的绿篱花坛，内配多种花卉。每组台阶中间坡地设对称的模纹花坛。进入台阶，苍松翠柏，松涛呼啸，使人们对淮海先烈的英灵肃然起敬，达到了触景生情、情景交融的效果。

中心花坛区：中心花坛不仅位于全园的中心，亦是通往各景点的节点（环岛），花坛直径100m，总体布局采用规则式对称的手法，在龙柏组织成两个同心圆环间，环状列植高大的柏树球，环内百花争艳，表现出了既庄严大方，又不呆板郁闷，宛如编织的大花圈敬献在纪念塔前。

道路绿化：园林主干道为三板四带式路面，中间两带为长形绿篱花坛，配置三角枫和地被绿篱。两侧为一行银杏和两行雪松。霜后火红的枫叶、金黄色的银杏和翠绿的雪松组成一条美丽的彩带，分外引人注目。

纪念馆绿化纪念馆（老馆）与纪念塔通过中心花园有机连成一体。纪念馆正门两侧对植高大的雪松和龙柏，周围配置棕榈、石楠、法国冬青及多种花卉环抱。象征革命先烈如松柏常青，千古流芳。门前路旁设花架长廊，供观景、休息（图4-15）。

图4-15 淮塔公园的植物群落配置

4.3 园林建筑

园林建筑是园林实现游憩服务功能的必备设施，又是园林景观构建的重要组成部分。徐州园林建筑在继承中国传统建筑、古典复兴的同时，也积极吸收近、现代工业革命带来的新建筑材料和结构革命成果，自身发展出一批新型园林建筑，建筑风格既有北方建筑的厚重朴实，又有南方建筑的精巧雅丽，还有现代建筑的随形就意、简洁明朗，装点在青山碧水、绿树花草中，与周边环境的山水、植物协调搭配、巧妙融合，相映生辉，共同塑造了"楚风汉韵、南秀北雄"的徐派园林风格。

4.3.1 牌楼、牌坊、阙、门

1. 牌楼

牌楼是富有中国传统文化特色的景观建筑。古代多用于表彰、纪念、标识和导向。现代园林中牌楼通常立于醒目的外门位置，以特有的形象和气势营造出各种端庄持重、古朴沧桑或精巧细致、富丽华贵的气氛，给人们留下深刻的印象。云龙山、云龙湖、彭祖园、楚园等众多公园中存在着规模不同、风格各异、精美壮观的牌楼，就多作为门使用。

（1）"五省通衢"牌楼

"五省通衢"牌楼矗立在黄楼公园西侧，青石台基座，赭漆圆柱，三间四柱三楼，楼顶都是黄琉璃瓦覆面，辉煌高贵，檐面平缓、角脊稍翘，楼檐下多层斗拱繁复细腻，与额枋同以复色彩绘，鲜明艳丽，坊间横匾上北面临河书写是"大河前横"、南面向城区题写着"五省通衢"，道出黄河的自然气势与徐州的重要地理位置，是徐州市区最著名的彰功性的景观建筑（图4-16）。

（2）"三故胜景"牌楼

"三故胜景"牌楼位于云龙湖荷风岛边，灰石方柱、卷云纹石夹杆与侧翼，三间四柱三楼，四阿式屋顶、黑筒瓦覆顶面，楼顶正脊与次脊两端有鳌鱼翘尾相向，檐角飞翘高挑，檐下斗拱层层堆叠、繁复细致，与大小额枋都是暗灰赭漆；中间横匾书刻"三故胜景"四个金字。牌楼古朴优雅且张扬灵动，与周围环境融合协调，幽静中增加些人文历史气息（图4-17）。

图4-16 黄楼公园的"五省通衢"牌楼

图4-17 荷风岛"三故胜景"牌楼

图 4-18 云龙山西门牌楼　　　　图 4-19 楚园青石牌坊

（3）云龙山西门牌楼

云龙山西大门牌楼高耸在云龙山西坡下高阔平台上，为三间四柱七楼，四根上下同样高浮雕刻四条云龙的粗大青石蟠龙圆柱，坚定地撑起了主次石额枋与七座顶楼；两边次匾中雕刻着鹿、鹤与奔跃中回首眺望的麒麟，匾下石枋间雕刻着长尾雉、仙鹤、孔雀与梅花、牡丹等花鸟，主匾上横刻苏轼书写"云龙山"名，字下精雕着二龙戏珠图，七楼斗拱完备、绿琉璃筒瓦覆顶，檐角高翘，主楼为四阿顶，各楼长短七脊都双向装饰鳌鱼，主次偏楼十二条脊上均安坐合角吻兽琉璃脊件；门楼巍峨宏大、庄重浑厚，图像精致、美轮美奂，是为云龙山标志性建筑之重（图4-18）。

2. 牌坊

牌坊与牌楼的用途、含义基本一致，形制上的区别主要在上部结构，牌坊没有"楼"的构造，即没有斗拱和楼顶。

楚园东门是三间四柱冲天青石牌坊，大块青石基座，云形夹杆，大额枋的匾上刻着"玉潭"园名，四根柱侧饰有云形花板，冲天柱顶是圆形莲花瓶云冠；整个牌坊简单朴素，如古代学子小息、宁静肃立（图4-19）。

3. 阙

汉阙本是作为门的形制使用的。"两汉文化看徐州"，徐州汉画像石艺术馆、狮子山汉文化园、龟山公园、淮海文博园等多处可见汉阙威严的身形。

徐州汉画像石艺术馆北门是左右对称的仿汉子母阙，子母阙是一大一小两阙并立，以大阙为主；大阙是由十三层石材叠砌组成，每层由不定数量的青石条块或青石板完成；下面是阙基与四层是阙身，上面楼部是高浮雕斗拱承托着高浮雕花卉和弧形楼体，楼体上是向外夸张舒展的楼顶板，板下雕刻着密布的枋条，板上形象的雕刻着仿木椽子，最上面楼脊似象形鸟踏在楼顶檐上展翅欲飞。小阙是层数减少，形制相同；阙整体庄重朴拙、高大粗犷，可完善形象，具有艺术感染力和欣赏价值（图4-20）。

4. 门

金龙湖公园南门处"孝门"，是"门"字形三进方钢框架焊接的对开景观门，两侧六根钢门框上共镶嵌了十二块汉白玉石面上及门中间三个钢框中镶嵌整体巨大汉白玉石的双面，都雕刻着中国历史上传说的尊重亲人、孝敬长辈的动人故事图像，朱漆钢框、洁白玉石，现代建筑形式承载着浓厚的中国优秀传统人文信息（图4-21）。

图 4-20　汉画像石艺术馆仿汉子母阙

图 4-21　金龙湖"孝门"

4.3.2　亭

亭子是在中国园林中使用最多的一种建筑形式，多数是单层，两层及以上的亭有些称为阁。徐州园林中矗立的许多风格不同、色彩绚丽、造型丰富多变、极富特色的景观亭子，有的承载千年历史文化早已名闻遐迩，有的势态恢宏、庄严大气，有的古朴典雅、秀丽灵巧，都很有艺术价值。

1. 放鹤亭与招鹤亭

放鹤亭在云龙山第一节山顶上，面阔三间，面积约60m^2，脊高8m，体量相对宽大，石砌基础，砖木结构（青砖墙壁），四周朱红方柱石栏杆回廊，顶覆黑筒瓦，歇山式屋顶，宽敞大气、古朴典雅，门前匾上亭名为苏轼手书，是徐州市著名的文化古迹。

招鹤亭在放鹤亭南面，亭为砖木结构的攒尖四方亭，石砌高台基，顶覆绿琉璃筒瓦，四方形宝顶，特点是四角为等边八面青砖柱，大翘角挑檐，清淡秀美（图4-22）。

放鹤亭

招鹤亭

图 4-22　云龙山放鹤亭与招鹤亭

2. 快哉亭

快哉亭位于快哉亭公园内，为攒尖四方重檐，0.5m高条石台基，钢筋混凝土梁柱主体结构，体量较大，底层双排高大赭漆圆柱围廊，木隔扇围起亭中，四角有低矮坐凳围栏，重檐黑筒瓦覆顶面，圆形大宝顶，重檐八条垂脊上都有合角吻兽脊件，檐面平缓、角脊整齐微翘，两层檐间立放亭名牌匾，古朴方正，亭侧有廊、房相连，古朴大气，幽静素雅，但总缺少些历史沉淀的沧桑气息（图4-23）。

3. 石柱亭

云龙山第一、二节山的山道两侧错落分布有十多座造型不同的亭子，以石柱亭最多。其中，谊亭、半山亭、姜公亭、利济亭以及戏楼都是四方石柱攒尖四角亭，但却各有特色，无一相同。

谊亭在放鹤亭西北山顶处，绿琉璃筒瓦覆顶，球形宝顶，翘檐挑脊，亭三面围有石栏杆，内置石桌凳，亭上匾额谊亭为苏轼题字，檐下枋栏彩绘色彩鲜明；整体精巧秀丽（图4-24）。南坡半山亭绿琉璃筒瓦覆顶，宝瓶形宝顶，飞檐斜挑，亭内有石桌凳供游人休息，却无匾额，显得孤高淡然。北面姜公亭是后人为纪念清康熙年间徐州知府姜焯而建造，绿琉璃筒瓦覆顶，球形宝顶，翘檐挑脊，亭内有石凳，四周有石栏板，是山上面积最大的四角石柱亭。利济亭外形与谊亭相似，匾额也取苏轼字，只是顶覆黑筒瓦，亭四周围石栏板，同样精巧而清雅。西坡戏楼坐在宽阔石平台上，亭顶覆黑筒瓦，圆珠宝顶，翘檐挑脊，古朴淡雅。传说始建时叫半山亭，后因每年观世音菩萨成道日（农历2月19日）常有人请戏班在亭中唱戏酬神而后改称为戏楼，这也表现出园林建筑具有很好的实用功能。

此外，山北坡还有怀古亭和曦亭两座外形相近的方石柱攒尖六角亭，亭内设有石凳，亭下周围多面围石栏杆，均有匾额书写亭名字，不同的是怀古亭顶覆绿琉璃筒瓦，圆球宝顶略大，势态宽宏华丽（图4-24）；曦亭是黑筒瓦覆顶，球形宝顶很小，亭檐起翘小，刻意表现一种简朴平淡，但都和周围自然山林融合一起相映成景。

图4-23 快哉亭

谊亭

怀古亭

图4-24 云龙山谊亭与怀古亭

4．四方（角）、五角、六角、八角亭

（1）四方（角）亭

四方亭是徐州园林中的常见景观建筑。云龙山上多是明清风格的琉璃瓦顶石亭，山西坡下有一座仿汉代小型四角亭，其他如云龙公园、快哉亭公园、无名山公园等处的四方亭都是攒尖黑筒瓦亭。四方亭整体偏小、外形简约、变化层面窄，只有云龙湖东岸边的攒尖四角圆梦亭体量较大，并且是黄琉璃筒瓦覆顶面，圆形宝顶，檐角微翘显稳重扎实，在空阔的湖水边分外醒目。

另一座特点突出、观赏性强的四方亭是云龙湖的排云亭。排云亭位于小南湖水边，单檐卷棚歇山顶，覆黑筒瓦；因亭的结构相较厅堂小很多，所以用卷棚歇山顶可尽量减少屋脊重量，屋面也比较平缓，轮廓柔和且翼角小巧，与周围环境易于融合；该亭柱梁、藻井都是暗赭色，横匾题字与楹联是醒目金色，三面临水的柱间都设置了美人靠，即做安全防护也为闲坐歇息，虽然是四方亭面可，但体积较大，宽敞通透，造型好位置佳，是观赏四周湖光景色的优选节点（图4-25）。

（2）五角亭

五角亭在园林景观亭中较少见到。黄楼公园东端有一座形态优雅独特的攒尖五角亭，黑筒瓦覆顶，宝瓶形宝顶，赭色漆柱下端设坐凳与靠栏，柱上端以连柱墀版形式上伸与亭角相接，两柱间另增加一板，柱端仍是枋板周围连接一体，枋内外彩绘，亭内没有了藻井并反向下垂，亭内也是赭色，显得精巧明快、简朴大方；既是仿古建筑又运用新工艺、新技术创造的新变化，很值得观赏（图4-26）。

（3）六角亭

与四方亭一样，六角亭也是徐州园林中的常见景观建筑。

云龙山北坡山道旁攒尖六角喜雨亭，朱红梁柱，花岗岩鼓形柱基——在古代是防备木柱根底腐烂，如今却只是作为装饰了，柱间设有美人靠，绿琉璃瓦覆顶，小宝瓶形宝顶，亭面较陡峭却映衬了亭间空灵开敞。

图4-25　小南湖排云亭

图4-26　黄楼公园五角亭

云龙公园假山上攒尖六角山亭、云龙湖湖中路旁攒尖六角月老亭也都是很有特色的景观亭。前者高耸假山顶，黑柱黑藻井，黑筒瓦覆顶，六面体宝顶，飞檐高挑角，形态轻盈灵动、淡雅秀美，有明显江南风格；后者北方风格较重；在湖中路旁临水建立，暗赭色柱梁，黑筒瓦覆顶，大瓶形宝顶，湖水映照更显庄重古朴，亭间宽敞通透，柱间有美人靠便于游人休息。此外，奎山公园高风亭及无名山公园里六角亭等十多处，外形、风格和这二亭很相近，只是个别细节略有不同（图4-27）。

（4）八角亭

八角亭都比较大，快哉亭公园里的仿古攒尖八角亭有五层条石台基，朱漆圆柱间有青砖砌坐凳与石靠栏，藻井与枋上彩绘依然，绿琉璃瓦覆顶、圆形宝顶，外观稳重宽敞大气，虽不是很精致但表露出厚重与沧桑大气的历史气息（图4-28）。

5. 重檐（二层）亭、阁

相对单层亭，徐州园林中各种重檐（二层）亭外形丰富壮观，结构上稍显繁复却更显持重大气，表现出更浓重的风姿韵味，几乎都是精品。

（1）四角重檐亭

云龙公园里燕子楼北有一攒尖四角重檐亭——关盼盼亭。黑筒瓦覆顶，四方体宝顶，飞檐挑角，暗赭漆柱间设美人靠栏，尤显古朴典雅，庄重大气，亭内关盼盼石雕像默立，有如静思千余年历史变迁（图4-29）。

（2）六角重檐亭

戏马台风云阁（旧称戏马台碑亭）为六边形青条石台基（高近2m），主体砖木结构，攒尖重檐六角，飞檐高挑，重檐均覆黄琉璃瓦，至圆形宝顶通高12m，檐下枋面彩绘绚丽，正面上层匾额题"风云阁"名。亭底层是白墙券门、朱漆圆柱，嵌额"从此风云"，柱上附有楹联。碑亭具有江南园林风格，持重与精致并存，亭内石碑是明代1583年立，为珍贵古迹（图4-30）。

图4-27　云龙公园假山亭

图4-28　快哉亭公园八角亭

图4-29　云龙公园关盼盼亭

图 4-30　戏马台风云阁

赏樱亭　　　　　　　　　　　祈福亭

图 4-31　彭祖园赏樱亭与祈福亭

图 4-32　无名山公园望月亭

图 4-33　彰军碑亭

观景台亭和彭祖园祈福亭、赏樱亭均是黄琉璃瓦覆顶、圆形宝顶的攒尖六角重檐亭。尤其是赏樱亭枋椁、藻井彩绘鲜明，每层黄琉璃瓦的六条戗脊上端都装饰了合角吻兽脊件，底层朱漆柱间设美人靠，亭中置石桌，特显厚重大气，若只论外形壮观精美、富贵华丽观赏性强，赏樱亭在徐州园林景观亭中应该是名列前茅的了（图4-31）。

此外，无名山公园的攒尖六角重檐亭，云龙山上攒尖六角重檐铁路抗战纪念碑亭等也各有特色。

（3）八角重檐亭

无名山公园望月亭为攒尖重檐八角亭，三层方整条石台基，暗红圆柱间设美人靠，檐角飞挑凌空，青黑合瓦覆顶面，圆形宝顶，稳重大气而不失灵动；徐州园林景观亭如论厚重雄伟、势态恢宏、宽敞高远与情景相通，望月亭可入第一（图4-32）。

（4）变重檐亭

矗立在云龙山西坡的彰军碑亭外形多变，底层四方八边八柱，二层四方四柱四脊攒尖，黑筒瓦覆顶面，圆形宝顶，檐角平缓，但是每条垂脊上都有合角吻兽脊件，底层八根赭红圆柱间安放3m高石碑，居高俯对云龙湖，尤显庄重肃穆、势态高远（图4-33）。

6. 双方亭、亭廊

两亭相连也称鸳鸯亭,如是两圆形亭相连也称套环亭,在建筑上比单亭复杂,在园林建筑中较少见到。小南湖中一座双六方亭,亭上部十二条脊平分到两个攒尖,两个六方体宝顶,亭顶黑筒瓦覆面,翘檐挑角,下面十根圆柱外围设美人靠,基础是防水性能更好的钢筋混凝土;两亭临湖面并立,宁静淡雅别有景致(图4-34)。

图4-34 小南湖双六方亭

园林中亭与门、墙、厅、堂等建筑连接会营造出很别致的景观,但最普遍的还是与廊连接成景,具体形式或是与长廊连接如无名山公园,或是嵌在廊中如彭祖园,还有与短廊连接甚至是两亭夹短廊,如云龙湖景区,湖边一座卷棚歇山重檐亭与一段直廊相连,另一处是湖水中一座攒尖重檐六角亭与一座卷棚歇山顶四角亭夹住一节直廊横卧湖面,图像高低错落、轻重相连、繁简搭配,如画如歌、让人流连忘返(图4-35)。

图4-35 云龙湖中的连廊亭

7. 现代钢架亭、木亭和膜结构

(1)钢架亭与木亭

楚河公园北岸有3座下半部是钢筋混凝土浇筑、外镶贴花岗岩石墙柱,绕置四个U形坐凳,上部是正八边形钢网架做顶、钢化玻璃鳞次压面,造型新颖、宏观明快的现代式休闲亭,新材料、新工艺和创新的意识带来了新形态、新感觉。大龙湖公园南岸西端的原木色调全木亭是一座相对简单的现代式亭子,四根方柱擎撑四面坡起木板屋顶,四角攒尖处有一块四方木压顶,轮廓简明朴素(图4-36)。

(2)膜结构

膜结构是一种新发展起来的现代建筑结构形式,其形式、结构、材料和建造方式等都与传统建筑不同,以其独有的优美曲面造型,简洁、明快,刚与柔、力与美的完美组合,在园林景观构建中,呈现给人以耳目一新的感觉。

楚河公园的钢架亭

大龙湖公园的木亭

图4-36 现代钢架亭与木亭

图4-37 楚园中的膜结构

徐州园林中最常见的是张拉式膜结构亭、棚，以少量钢柱为支承，钢索做锚固张拉系统，用自重轻、透光性好的白色玻璃纤维织物做膜面张拉而成，简明流畅、变化自如（图4-37）。此外，近年骨架式膜结构棚也逐渐增多。

4.3.3 台

台是中国史载最早的景观建筑，如鹿台、瑶台等，具有独特的历史文化内涵。传统园林建筑中，台通常表现为坚实高大、平整开阔的建筑形式，达到登高望远的效果。

云龙山观景台位于最高峰第三节山顶，据山巅磅礴屹立，高耸入云，气势雄伟，登台临栏远眺，全城美景一览无余，尽收眼底。台分上下二层，下面高大花岗岩石圆柱拔地而起支撑6m高台，方整条石台身嵌金字匾额，周边半身高精细淡灰色石柱栏板维护，台上极宽阔通敞，中间矗立攒尖六角重檐仿古高亭，赭漆圆柱上部枋枅、藻井彩绘精致、黄琉璃筒瓦覆顶、圆形宝顶挺立，亭内设石桌凳为游人小坐休息。入夜，七彩的霓虹灯将观景台的轮廓勾画出来，恰似琼楼玉宇（图4-38）。

戏马台原为项羽所构筑，"以观戏马"。今戏马台占地约1.5万m^2，建筑面积约4000m^2，依山形

图 4-38　云龙山观景台　　　　　　　　　图 4-39　戏马台

递升，山门是券顶半圆形，进门石台上高置一尊长方双耳四足大鼎，鼎身镌刻"霸业雄风"四个篆字及介绍项羽一生功绩的文字。山上是一组仿明清建筑群，与山门同是红墙黄琉璃瓦，中间耸立是标志性建筑——戏马台碑亭（又名风云阁，见图4-30），以围墙连接亭东西两边庭院，院内的主、配殿都是歇山顶建筑；其中东院主殿雄风殿为黄琉璃筒瓦覆顶，出檐翘角，四条戗脊上装饰吻兽脊件，稳重华贵，前檐下两根明代蟠龙石柱都雕刻着怒目腾游的飞龙和人物、神兽，色彩斑驳、粗犷飘逸是比较珍贵的文物古迹。院内中央立着近3m高的霸王项羽的石雕像，按剑远望，似乎依旧是豪气四溢。千年戏马台成为彰显项羽霸业雄风的重要遗迹（图4-39）。

4.3.4　楼、阁

楼、阁最少要两层，在传统建筑中楼、阁也是常连在一起，不同的是楼主要是居住，阁多用来储藏物品，楼的顶多采用稳重简洁的硬山或歇山式，阁的顶还常选择变化丰富的攒尖顶。徐州园林中就矗立着一些高大雄伟各具特色的楼阁。

1. 黄楼

黄楼公园的黄楼高18m，是据明清年代仿宋式建筑重建，楼的平面正方形布局，三层，坐东向西，下部砖混结构，上部木结构。楼的底层前面有抱厦，室内"金砖"铺地。结构暗层的腰檐上四周设花棂窗。顶层设平座槛廊环周，正檐下悬苏轼手书体"黄楼"二字的竖匾额。屋面和双重飞檐都覆黄琉璃瓦。屋面九脊整体歇山落翼十字脊形制，正脊两端吞脊兽昂首远望，朱漆山花垂挂。每层飞檐上六条戗脊上端安坐合角吻兽脊件，檐角起翘平缓，檐、脊平齐，沉稳庄重。楼内竖立镌刻着《黄楼赋》的石碑及其他名人诗赋碑文；黄楼整体宏伟壮观，稳重华贵（图4-40）。

2. 燕子楼

云龙公园知春岛上的燕子楼坐北朝南，是按清初仿宋形制近年重建的双层单檐楼；砖混结构，面阔三间，底层前后门外靠墙建卷棚歇山顶半亭门檐，水面前建方柱、清石护栏混凝土平台，二层设木护栏围廊，前后抱厦与主楼都为卷棚歇山顶，黑筒瓦覆顶面，抱厦与耳房使得楼的四面屋顶都看到六个长檐飞翘，脊角高挑如黑燕凌空展翅，名副其实称燕子楼；楼西北有亭、廊连接，内有楼主人关盼盼石雕像及记，咏往事的诗、文碑刻。燕子楼三面临水、绿树萦绕，风景秀丽，楼、亭清秀典雅、精致灵动、极富观赏性（图4-41）。

图 4-40　黄楼公园黄楼

图 4-41　云龙公园燕子楼

图 4-42　淮海文博园彭祖楼

图 4-43　彭祖园大彭阁

3. 彭祖楼

彭祖楼位于淮海文博园内，为仿唐式建筑。在高10m的宽阔平台上起建五层高楼，钢筋混凝土框架结构，外框逐渐内收，为外形美观，选择隔层设置外屋檐，底层四周双排高大圆柱支撑外展阔檐且自然成围廊，二层与四层设有外墙门，三层与五层檐下四周有赭漆圆柱回廊、外围方木柱护栏，三层向西正面横匾上题写"彭祖楼"名，屋顶层做重檐结构；各层屋檐舒展平缓、黄琉璃筒瓦覆面，歇山顶屋脊十字形交错，四端装饰简朴鸱尾，屋脊交汇处做三重檐宝顶基座，珠形宝顶；彭祖楼传承了唐式建筑规模宏大华美，形态富丽端庄，舒展齐整、古朴大方的特点；并与四个角上的攒尖重檐四方亭自然成一体，为淮海文博园的标志性建筑，也是徐州市区最高大壮观的景观楼（图4-42）。

4. 大彭阁

彭祖园内寿山顶的大彭阁是园内最高的标志性建筑；三层总高18m，巍峨高耸；底层石砌平台四周围青石方柱护栏；阁每边双排高大方柱支撑底层外展廊檐，外柱间做低矮座凳，二层、三层逐渐收缩，四周围栏设青石护栏，两层檐黄琉璃筒瓦覆顶，檐面平缓、檐角飞翘，歇山屋顶十字形相交，四方脊端吞脊兽尾反翘，八条戗脊及二层四角垂脊上都安放琉璃脊件，北面屋顶檐下横匾题刻"大彭阁"名，重檐下面枋、墀彩绘明丽，与二、三层白漆石护栏、明黄琉璃瓦面映衬得更加富丽华贵、辉煌壮观（图4-43）。阁内底层供着彭祖与侍者的素衣塑像。

5. 钟楼与鼓楼

钟楼和鼓楼也多称为钟亭、鼓亭，是中国传统楼阁式建筑，现在基本都成了存在于寺院里悬挂钟鼓的专门建筑了，并且是左钟右鼓位置相对，可从前在城市中心也普遍建造用于报时。

狮子山汉文化园北端（竹林寺）建有相对而立的钟鼓楼；楼台基为1m多高青石组砌，汉白玉石围栏，楼体是砖木结构，外形重檐、歇山屋顶，黑筒瓦覆顶面，正脊两端鳌鱼尾反卷高挑，上下屋檐的戗脊与垂脊上方都装饰了合角吻兽脊件，两楼古朴秀美、安详互对；一座顶挂大钟，一座内放巨鼓（图4-44）。

图4-44 徐州狮子山汉文化园（竹林寺）钟楼

4.3.5 榭、舫

水榭是建在水边的建筑，一部分伸向水面一部分靠岸上，多是开放通透、不筑坚实墙体以栏杆围绕，也有时设窗或隔扇供人们休闲娱乐、观景游赏。舫是仿照船形式建造的固定不能行走的景观建筑，功能和与水榭相似。

云龙公园水榭为钢筋混凝土浇筑墩基与台身，美人靠护栏，暗漆圆柱支架起卷棚歇山屋顶盖，山花是鸳鸯、荷花图；黑筒瓦覆顶面；翘檐挑角，外形轮廓轻柔舒展、内空宽大开敞（图4-45）。此外，云龙湖东岸边及无名山公园西侧等处也有相似建筑，但位置或体量都稍逊此榭。

黄楼公园船舫，其西端船尾房通过中部船廊与东端船首的二层船楼相连接，船身为钢筋混凝土整体浇筑，首尾两端是卷棚歇山顶，整体是黑筒瓦覆顶面，檐面平缓；船舫四周设朱漆圆柱连接围栏，船内可供人们娱乐休息；船舫外形宽大，色彩简单；卷棚顶部轻柔舒展，歇山脊角起翘微挑似动实静（图4-46）。

徐州彭祖园不老潭西岸有一栋仿船舫二层水榭，基础、台面、柱板等主体为钢筋混凝土浇筑，顶盖为卷棚歇山顶，黑筒瓦覆面，翘檐挑角似在柳枝间移动，圆柱间设围栏后又安装大窗，高大但欠通透，西面入口做成卷棚歇山顶半亭，横匾题写"水榭居"（图4-47）。

云龙山船亭虽然不是靠近水边，东部重楼（二层）砌筑墙体也不通透，但外形近似船楼亦称名船亭。其主体钢筋混凝土浇筑，船楼与船舱顶盖都是卷棚歇山顶，黑筒瓦覆顶，翘角挑檐增加动

图4-45 云龙公园水榭

图4-46 黄楼公园船舫

图 4-47 彭祖园"水榭居"

图 4-48 云龙山船亭

感,紫朱漆四方柱梁,柱间石条栏杆厚重朴拙(图4-48),门侧仍用旧时对联"春水船如天上坐,秋山人在画中行"。

4.3.6 馆、殿、祠

1. 馆

(1) 徐州汉画像石艺术馆

由位于北部的老馆和位于南部的新馆两组建筑组成。

老馆是仿汉唐式建筑,大门是一对用十多层青石雕刻件组成的仿汉代子母石阙,高大粗犷,朴拙庄重;院内建筑都是白墙赭柱,黑筒瓦覆顶;前室是卷棚悬山式屋顶,与后面是廊房左右对称相连,里边是面阔七间的大殿靠山屹立,重檐间横匾书写"与天同契",透露着傲气,檐角平缓舒展,四阿屋顶,屋脊两端鳌鱼鱼尾反卷高翘,观赏中更觉安详宁静、心宽神怡(图4-49)。

新馆是钢筋混凝土框架结构、局部四层新馆,依山就势建造,楼与平台高低错落搭配,外墙面全部用石料镶贴,与周围环境贴切融合;古朴庄重又新颖自然(图4-49)。

老馆　　　　　　　　　　　　　　新馆

图 4-49 徐州汉画像石艺术馆

（2）徐州汉兵马俑博物馆

在发掘的狮子山汉代兵马俑坑原址上建起，分为主厅与骑兵俑展厅两部分，尤其是骑兵俑坑地势低已完全处于水下，要通过水面两边的石曲桥进入，所以骑兵俑展厅主体是防水性能好的钢筋混凝土框架结构，水面上外框造型是两个封闭性较好的四方斗形，但却是倒置的，也就是"覆斗形"建筑。四面正梯形、四方平顶，顶檐微敞，整体以灰黑色装饰板饰外墙面；简明古朴、新颖奇特；双斗并肩倒覆水上，情趣盎然，自然成景（图4-50）。

图4-50 汉兵马俑博物馆

（3）徐州淮海战役纪念馆

有南（新）北（老）两馆。

北馆是兼有民族风采、近代风格特色的建筑，单层砖混结构，高砌石平台，干粘石墙面，北大门有高大四方花岗岩石柱抱厦，黄琉璃筒瓦覆檐顶，檐下石枋饰重云纹，主房外边缘仿庑殿屋顶檐面缓窄，角脊平整；黄琉璃筒瓦覆顶，正脊两端简化鸱吻尾高翘；两侧连廊、配房的屋顶与抱厦顶相同，四边窄平檐黄琉璃瓦，中间都是平屋顶。传统造型的辉煌壮丽、宏大庄重与当代的简洁平整共存一体。

南部新馆钢架结构，大体积深色花岗岩镶贴外墙面；外方内圆形态，轮廓清晰简明，体量庞大（图4-51）。

2. 殿

云龙山兴化寺大佛殿，依山崖借石壁构筑建起，殿前青砖墙壁有10m多高，后墙仅有三层青砖筑垒，所以有"三砖殿覆三丈佛"的建筑传奇闻名于世。大殿门前圆形赭漆廊柱；屋面是九脊歇山屋顶，山花封闭，黄琉璃筒瓦覆顶面，正脊两端吞脊兽张口怒目望向脊侧游龙；四条戗脊上安坐琉璃合角兽脊件，檐面宽起、角脊飞翘，檐下枋槫、斗拱都彩绘着神兽灵卉，明艳绚丽（图4-52）。

老馆　　　　　　　　　　新馆

图4-51 淮海战役纪念馆

图 4-52 云龙山大佛殿

图 4-53 彭祖园彭祖祠

3. 祠

彭祖园内建有彭祖祠，为钢筋混凝土框架仿汉建筑，以堆垒高大宽阔青石高台为基，周围设青石方柱扶手、护栏，门前有三百多平方祭台，房屋四周是双排八角赭色高柱，支撑起高11m堂厦，梯步重檐、檐口平直，黑筒瓦覆顶面，屋顶面陡峭、垂脊尾端翘起但与屋檐平齐，正脊较短两头微翘。（图4-53）。此外，狮子山汉文化园内的刘氏宗祠，也是一座仿汉建筑，区别主要在于屋脊等细部处理稍有不同。

4.3.7 厅、室

1. 门厅

彭祖园东门厅廊原是三间工作人员值班、检查票务的工作室，敞园改造后拆除门窗、墙体，保留成现状；赭色圆柱，彩绘内顶棚，悬山式屋顶，黑筒瓦覆顶面，正脊端装饰鸱吻，檐角平直，檐下仍然悬挂着刻书有"彭祖园"名的横匾，是很有特色的一处园林入口建筑（图4-54）。

2. 餐厅

体量适宜的餐饮设施，是大型综合性景区所必需的服务设施。故黄河公园里有一餐厅，朱漆圆柱抱厦前廊，卷棚歇山屋顶、青灰合页小瓦覆面，板状屋脊高挑；菱形花格木门等，从外到里是迎合着南北方不同风格特色游客们的口味与喜好（图4-55）。

图 4-54 彭祖园门厅

图 4-55 故黄河公园的餐厅

图 4-56　云龙湖鸣鹤洲游客驿站

图 4-57　云龙湖苏公岛茶室

3．游客驿站

景区入口处及园林深处多见较大游客驿站，为游人提供各类服务，也是一处充溢温馨的景点。云龙湖"鸣鹤洲驿站"是一座厅堂式建筑，面阔五间、花格木门、圆柱宽檐前廊，卷棚歇山屋顶，黑筒瓦覆顶面；宽敞安静，醒目易到（图4-56）。

4．茶室

云龙湖中苏公岛的最深处依湖水、邻土丘建仿古四合庭院，偏僻幽静，正适合作为茶室安坐赏景；房侧绿树修竹，窗外湖光山色，白墙赭柱、卷棚歇山屋顶，飞檐翘脊，檐下横匾刻书金字"苏公馆"茶室名。清馨平淡静谧，游人少到，许多园林内都设有这样相似一处茶室（图4-57）。

5．汉文化商业街

狮子山汉文化园楚王陵景点南门外仿汉代建筑群，最外端是东西相对的高大仿汉代石阙，两排黑筒瓦屋顶、板状齐檐屋脊仿汉代式房屋，大多是旅游纪念品专营商店，古朴的建筑与精美的艺术品构成了短暂的时空转换，另有一种情趣（图4-58）。

图 4-58　狮子山汉文化园商业街

4.3.8 园桥

造型新颖、美观的园桥除了具有组织园路、承担交通的实用功能，也具有特定的艺术性与很好的观赏性，一座个性鲜明、造型独特的桥梁，就是一道优美的景观。

1. 廊桥

廊桥最初主要是为了保护木制桥体在桥上加建顶盖，现在桥体材料都选用石料或钢筋混凝土，桥上廊与顶盖主要追求形态美观，同时为游人避雨遮阳而又不影响继续欣赏景观。

小南湖中东连鸣鹤洲，西接苏公岛的泛月桥就是一座廊桥，桥体是三孔石拱桥，桥面两侧安装半人高细石透瓶栏板，栏板石方柱顶雕复瓣莲花圆顶；两侧护栏间均设圆柱二十根支撑长廊顶盖，廊顶面覆黑筒瓦，东西端桥头两侧都有攒尖四方重檐亭，亭体偏高大，内有石桌凳；黑筒瓦覆顶，圆形宝顶，檐、脊稍翘，枋面彩绘，朴素大方、沉稳空灵；桥上仰看约80m长廊顶有彩绘17幅图画，从东向西依次是徐州老八景和新八景，中间一幅为南湖景观中四座桥（图4-59）。

古黄河公园上沈场廊桥的桥体及桥墩都用是钢筋混凝土浇筑，桥分五跨、桥身起拱，两侧设1m高优美的汉白玉石透瓶栏板，四方栏柱顶雕刻莲花宝瓶圆顶，栏内两侧36根方柱支撑起五跨廊盖，廊顶覆黑筒瓦，桥南北两端有卷棚歇山顶、黑筒瓦覆顶面的配房。近百米长桥横卧河上，黑顶白体，简朴端庄、宁静闲适（图4-60）。

2. 亭桥

亭桥就是桥与亭结合，在桥面上加建了亭，下部是桥，上面是亭，不只是高度相对增加了，桥与亭相互辉映更加优美。

小南湖中隐藏着一座"双亭桥"，桥体是单孔石拱桥，桥面两侧设美人靠做护栏，桥上南北两端加建了相同的攒尖重檐四方亭，由一短廊相连，同是黑筒瓦覆顶面，四方体宝顶，圆柱暗漆，飞檐高挑角富有江南风格，亭、桥叠加玲珑俏丽、新颖清秀，极致优雅，还兼具几分廊桥风韵（图4-61）。

云龙湖湖南路中段还有一座云汇桥，为两桥相并至两头相汇，桥两端的南北侧都建有桥亭；桥体为三孔石拱桥，桥面两边设方柱青石护栏，石栏板双面雕刻汉画像石车马图像。桥亭为攒尖四方亭，黑筒瓦覆顶面，球形宝顶，檐角稍翘、檐脊相齐，檐下枋面彩绘花草山水，赭漆圆柱亭间设石桌凳，四角方亭端庄大方、宽敞通透，既装饰美化了双桥，也方便游人休憩；体态极富艺术想象力，极具观赏性（图4-61）。

3. 石拱桥

石拱桥根据大小需要，有单孔和多孔之分，造型丰富优美，是园林中应用最普遍、数量最多的桥。

图4-59 小南湖泛月桥

图4-60 古黄河公园廊桥

双亭桥

云汇桥

图 4-61　云龙湖双亭桥与云汇桥

解忧桥

龙华桥

图 4-62　云龙湖中的石拱桥

图 4-63　金龙湖公园九曲桥

图 4-64　紫薇岛的曲桥

解忧桥在小南湖鸣鹤洲内，桥体为单孔青石拱桥，桥面台阶密叠两旁是汉白玉石护栏，栏板间方柱顶雕刻成云龙圆顶，桥身高耸单孔倒映湖水中如满月，是徐州市区内最高大的单孔石拱桥。位于云龙湖湖南路西部的龙华桥，桥体为十七孔多拱石拱桥，与北京颐和园长桥外形极相近，桥面两旁有精美的汉白玉石透瓶栏板，四方栏柱顶雕须弥座莲花，桥身修长平缓如玉龙横卧水上，壮观秀美，景色别致（图4-62）。

4. 曲桥

曲桥是桥身形体曲折的平桥，如巨蟒蜿蜒曲身水上，引游人更接近水面观赏莲荷、游鱼，多是园林水体常设的景观。金龙湖公园里有徐州最长的九曲木桥，桥身是清漆本色方木栏杆，桥上有草顶方亭为游人遮阳赏景，自然而雅致（图4-63）。其他如小南湖有五曲（图4-64），云龙公园与大龙湖公园有四曲等相似木质曲桥。

4.4 园林铺装

铺装是指用各种材料进行的地面铺砌装饰。

园林铺装不仅具有组织交通和引导游览的功能,为人们提供了良好的游憩、活动场地,同时还直接创造优美的地面景观,给人以美的享受,增强了园林的艺术效果。

4.4.1 园林铺装的类型

园林铺装按施工工艺可以分为整体铺装、块料铺装、碎料铺装、生物铺装、混合铺装等;按面层或表面装饰可分为混凝土面、石料、砖瓦、木材、陶瓷、玻璃、胶塑、生物材料等;按生态效果可以分为非透水性铺装和透水性铺装;按构图与纹样可以分为规则式、自由式、仿形式、混合式(图4-65)。

1. 非透水性铺装

非透水性铺装主要用于有机动车通行或人流量较大的道路、广场和人员活动中心等地(路)面荷载要求较高的区域。

图 4-65 铺装的类型

非透水性铺装通常采用整体铺装或块料铺装。前者为不透水的基层和整体路面（水泥路面和沥青路面），后者在不透水的基层上用砂浆铺装块料。其主要施工流程如图4-66所示。

（1）场地平整与找坡

场地平整与找坡的填方区，堆填顺序应当先深后浅、先分层填实深处，后填浅处，每填一层就夯实一层，直到设计标高。挖方过程中挖出的表层土壤，要临时堆放在场地边，以后再填入花坛、种植地中。

场地平整与找坡中，要注意确定边缘地带的竖向连接方式，使铺装地面与周边地平的连接自然，避免产生排水、通道等方面的矛盾。

（2）碎石基层

碎石基层施工程序为摊铺碎石→稳压→散填充料→压实→铺摊嵌缝料→碾压。

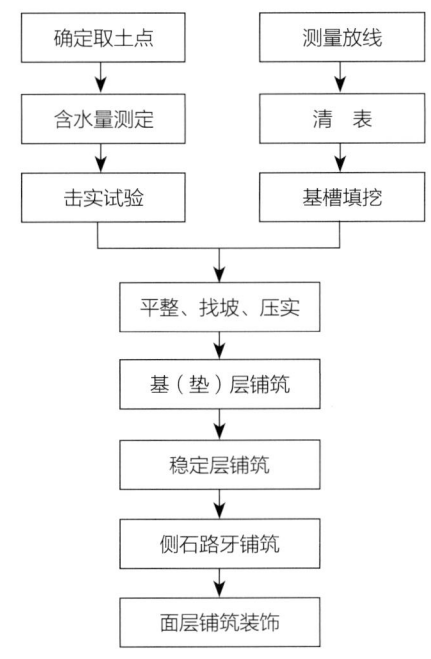

图4-66 非透水性铺装施工流程图

摊铺的碎石强度不低于8级，软硬不同的石料不能混用。以标定的摊铺厚度一次上齐，要求大小颗粒均匀分布，纵横断面符合要求。

稳压中暴露出的局部不平处，要去高垫低。去高是将多余的碎石均匀捡出，不得用铁锹集中铲除。垫低是将低洼部分挖松，均匀地铺撒碎石，至符合标高后，洒少量水花，再继续碾压，至碎石初步稳定无明显位移为止。压实视碎石软硬一般碾4~6遍，忌碾压过多，以免石料过于破碎。

撒填充料可用粗砂或灰土（石灰剂量8%~12%），填充料均匀撒在碎石上，用扫帚扫入碎石缝里，然后用洒水车或喷壶均匀洒一次水。水流冲出的空隙再以砂或灰土补充，如此数次，直至不再有空隙并露出碎石尖为止。铺撒嵌缝料并碾压至表面平整稳定后无明显轮迹为止。

（3）稳定层施工

1）在完成的基层上首先定点放线，每10cm为一点，根据设计标高，边线放中间桩和边桩。并在道路、广场整体边线处放置挡板。

2）在浇筑混凝土稳定前，在干燥的基层上洒一层水或1:3砂浆。

3）按设计的材料比例配制、浇筑、捣实混凝土，并用长1m以上的直尺将顶面刮平，顶面稍干一点，再用抹灰砂板至设计标高。施工中要注意按设计要求找坡。

4）混凝土面层施工完成后，及时开始养护，可用湿的稻草、湿砂及塑料膜覆盖。

（4）面层施工

面层施工，如果是整体铺装，优先使用摊铺机械进行摊铺作业。

块料铺装，首先要将铺装材料的品种、规格、图案、颜色按设计图验收，并分类存放。铺装前先将材料块背面刷干净，铺贴时保持湿润。铺干硬性水泥砂浆找平层一般配合比为1:3，以湿润松散、手握成团不泌水为准，虚铺厚度以25~30cm为宜。铺贴面层时根据水平线、中心线（十字线），按拉线和预排编号（有图案时）进行铺贴。缝隙宽度符合设计要求。铺贴完成24h后，经检查板块表面无断裂、空鼓后，用稀水泥（颜色与石板块调和）刷缝填饱满，并随即用干布擦净，两天内禁止行人等。

2. 透水性铺装

园林作为城市自然生态系统的主体，非透水性铺装阻断了降水直接补充地下水的途径，加大了地表径流，阻断了土壤与空气间的气体、热量、水分交换，抑制土壤微生物和植物根系的活动等。

无铺装的裸露地面和绿地透水效果最好。《绿色建筑评价标准》GB/T 50378—2006中，对绿色建筑中的透水地面的定义，就包括裸露地面、公共绿地、绿化地面和镂空面积大于等于40%的镂空铺地（如植草砖），此定义可看作狭义的透水地面。

显然，非透水性地面存在明显的生态环境缺陷，狭义的透水地面形式又不能充分满足园林道路、广场所需要的使用功能要求。采取透水铺装，即在满足道路、广场使用功能的前提下，加强道路、广场区域的透水性，就成为取两者之长、补两者之短的最佳选择。

透水铺装通过采用大空隙结构层或排水渗透设施，使雨水能够通过铺装结构就地下渗，从而达到减轻或消除地表径流、雨水还原地下等目的，是节约型园林建设和海绵城市建设的重要技术措施。徐州市园林绿化中道路、广场透水铺装主要有以下几种形式：

（1）用透水性地砖或透水性混凝土、透水性沥青进行铺装，铺装材料本身即具有良好的透水效果。

（2）用植草格、孔型砖、孔形混凝土砖进行铺装，材料本身不具透水性，制作成品的样式为孔洞形，一般都能达到40%以上的孔洞率，可进行植草。

（3）用实心砖或石块铺装，砖或石块之间留出一定空隙（填充土壤）以利透水。

（4）用细碎石或细鹅卵石，地面仅由大小均匀的石子散落铺成。

由于透水铺装的基层处理受到限制，地面荷载受到制约，因此，主要用于仅限游人通行的游览道路和平时游人不太多的广场等（图4-67）。

图4-67 透水性铺装方式

4.4.2 构图与纹样

园林铺装地面构图和纹样起着装饰地面的作用，不同的构图和纹样给人们的心理感受也是不同的。多样化的构图和纹样衬托和美化了环境，增加了园林的景致，强化了园林的意境，是中国园林艺术的重要表现手法之一。

1. 规则式

所谓规则式铺装，是指将铺装材料加工成明确的几何形状，并按明显可见的排列规律进行构图的铺装方法。

规则式铺装时，与视线相垂直的直线可以增强空间的方向感，而横向通过视线的直线则会增强空间的开阔感（图4-68）。

不同的图形形状给人的视觉感受也往往不同。如正方形、圆形、六边形等规则、对称的形状都不会引起运动感，而会形成宁静的氛围，在铺装一些休闲区域时使用效果很好。折线形、三角形、椭圆、抛物线形等其他一些图案的组合则具有很强的动感（图4-69）。

2. 仿形式

所谓仿形式铺装，指将铺装材料按通常为人们所熟知的某种事物如动物、植物（及其器官）的形状或文字、图案进行构图铺装的方法。仿形式铺装在特定意境的表达方面，具有独到的优势。如古彭广场采用中国象棋棋盘的图案，暗喻了徐州在楚汉相争中的风云历史；东坡运动广场北京奥运会会徽图案，强化了公

图 4-68　规则式铺装

图 4-69　规则式铺装中线形的运用

图 4-70　仿形铺装

图 4-71　自由式铺装

众对公园主题的认知；云龙湖苏公岛上太极图案呼应了珠山景区道教文化的主题；无名山公园等用不同的子石构成花形图案，有力烘托了景点的氛围（图4-70）。

3. 自由式

所谓自由式铺装，是指铺装材料没有明确的几何形状，也没有明显可见的排列规律性进行构图的铺装方法。比较常用的仿自然的不规则铺装如乱石、子石、冰裂等，可以使人联想到乡间、荒野，更具有朴素自然的感觉。《园冶·铺地》曰：园林砌路，惟小乱石砌如榴子者，坚固而雅致，曲折高卑，从山摄壑，惟斯如一。有用鹅子石间花纹砌路，尚且不坚易俗。鹅子石，宜铺於不常走处，大小间砌者佳；恐匠之不能也。乱青版石，斗冰裂纹，宜于山堂、水坡、台端、亭际，见前风窗式，意随人活，砌法似无拘格，破方砖磨铺犹佳（图4-71）。

图4-72 混合铺装

4. 混合式

混合式铺装，就是采用两种及以上的方法进行构图铺装的方法。既有规则式铺装的整齐有序，又有非规则式的灵动多变（图4-72）。

4.5 园林雕塑、小品

园林雕塑、小品是园林景观营建中的点睛之笔，既美化环境，丰富园趣，又提供丰富的文化信息，使游人从中获得美的感受和熏陶，在彰显城市特色、传播地域文化方面具有独特的作用。徐州不但山清水秀、风景迷人，而且历史久远、文化厚重。徐州园林建设紧紧抓住文脉构成历史性要素，同时突出自身地域性特征，做精两汉文化，做特楚文化，做大彭祖文化，做响苏轼文化，做深名士文化，做通民俗文化，按照打造"一园一品"的目标，将挖掘文化内涵与园林景点特色结合起来，先后建成了汉文化为主题的大龙湖公园、龟山公园、狮子山汉文化园，楚文化为主题的戏马台、楚园、彭城广场，王陵母墓和燕子楼为主题的云龙公园；彰显彭祖文化的彭祖园；以佛教文化和东坡文化为主线的云龙山、道教文化为主线的珠山以及好人园、双拥碑、金石园等一大批精品园林，以借鉴、保留、转化、重现、象征、隐喻等手法，通过雕塑、小品等丰富多样的形式加以表达，展现出雄浑、古朴的蕴意，着力塑造出具有浓郁地域文化特色的城市园林。

4.5.1 纪念性雕塑、小品

纪念性雕塑、小品以徐州历史上或现实生活中的人或事件为主题，用于纪念重要的人物和重大历史事件，展示徐州地域文化的脉络。按人物或事件发生的时代，大致可分为人文历史雕塑、小品和现代纪念雕塑、小品两大类。

1. 人文历史雕塑、小品

人文历史雕塑、小品重点围绕徐州历史上的名人名事展开。

（1）彭祖文化雕塑、小品

尧帝封籛铿在今徐州市区西部地区建立"大彭氏国"立国长达八百余年。籛铿建立大彭氏国的贡献，被尊称为彭祖。孔子对他推崇备至，庄子、荀子、吕不韦等先秦思想家都有关于彭祖的言论，道家更把彭祖奉为先驱和奠基人之一，许多道家典籍保存着彭祖养生遗论，彭祖养生、餐饮文化等一直流传至今。彭祖文化雕塑、小品重点围绕彭祖事迹及其养生文化展开，包括彭祖像、福寿牌坊、彭氏迁徙图、福寿广场等，从彭氏迁徙图游人可以更加直观地了解到自彭祖以后彭氏的迁徙分布，福寿广场集中了古往今来，历代名人书法家所书写的99福、寿字书法（图4-73）。

图 4-73 彭祖文化雕塑、小品

（2）汉文化雕塑、小品

"秦唐文化看西安，明清文化看北京，两汉文化看徐州"。汉墓、汉兵马俑、汉画像石"汉代三绝"以其独特的艺术风格、珍贵的历史价值与南京六朝石刻、苏州园林并称为"江苏三宝"，为徐州乃至人类宝贵的历史文化遗产。狮子山汉文化园依托楚王陵①、汉兵马俑两大历史文化遗存，通过主题雕塑、小品的设置，进一步丰富了两汉文化的表达。东入口的汉文化广场，采取规整庄严的中轴

---

① 第三代楚王刘戊的陵墓。

对称格局，依次布置了入口汉阙、司南、两汉大事年表、历史文化展廊、车马出行等雕塑、小品，终点矗立汉高祖刘邦的铜铸雕像，构成完整的汉代文化空间序列，犹如一段立体空间化的汉赋，通过"起"、"承"、"转"、"合"四个章节，抑扬顿挫、张弛有度，将汉风古韵自然呈现出来（图4-74）。雕塑广场主体为依汉画像石《车马出行图》创作的一组群雕，采用铜像与花岗岩像相结合的表现方式，由8匹铜马、3匹石马、9个铜人、2个石人组成，整组群雕宏大、威武（图4-75）。此外，栖凤台、四灵壁、百戏图、彭城怀古等雕塑，通过各具特色雕塑表现的手法展示了汉代文化。

图4-74 狮子山汉文化广场

图 4-75　狮子山汉文化园雕塑广场

项羽像　　　　　　　霸业雄风鼎　　　　　　定都彭城

图 4-76　戏马台楚文化雕塑

（3）楚文化雕塑、小品

作为西楚故都，徐州人不以成败论英雄的情怀在"西楚霸王"身上表现得尤为突出。戏马台为徐州较早复建的历史古迹之一，采用石雕、艺术蜡像、硬木彩雕、瓯塑等手法，项羽像、戏马堂、巨鹿大战、鸿门宴、定都彭城、霸王别姬等系列雕塑，生动再现了项羽建立霸业、楚汉相争的历史画卷（图4-76）。

图 4-77 楚园楚文化雕塑

楚园是近年来徐州弘扬楚文化的又一力作。在"一湖一岛二环三桥五广场"公园中,以项羽和彭城西楚文化为主题,通过从霸王剑到垓下歌的系列雕塑作品,咏楚诗句的楚文化石雕、形似祥云的楚文化符号坐凳、古代兵器"戈"形的路灯等小品,尽显"力拔山兮气盖世,时不利兮骓不逝。骓不逝兮可奈何!虞兮虞兮奈若何!"一代英雄的悲壮故事(图4-77)。

无极

二十八星宿

创教路

道

图4-78 珠山道教文化雕塑

（4）道教文化雕塑、小品

2014年5月4日习近平主席考察北京大学，在师生座谈会上列举中华文化中的优秀思想和理念时提到了"天人合一"。当月15日，习近平主席在中国人民对外友好协会成立60周年纪念活动上的讲话，首次提出阐释中国和平发展"四观"：天人合一的宇宙观、协和万邦的国际观、和而不同的社会观、人心和善的道德观。

"天人合一"是我国两大本土宗教之一[①]——道教最重要的思想和理论基础。徐州（丰县）是道教创教之祖张道陵的出生地。云龙湖珠山景区以张道陵道教文化为主题，无极、八卦、二十八星宿、玄珠、道教葫芦等一系列象征道教元素的特色雕塑、小品与鹤鸣台、百草坛、天师广场、创教路、天师岭等景点共同展示了张道陵得道、修炼、立教的整个历程（图4-78）。

2. 现代纪念雕塑、小品

（1）红色纪念雕塑、小品

徐州史称"北国锁钥"、"南国重镇"。作为"兵家必争之地"，徐州在新中国建立的伟大征程中，从1925年6月中共徐州支部和9月中共徐州特别支部先后成立[4]，到徐州为中心的淮海战役的胜利，留下了光辉一页。在今天保卫和建设国家的新征程中，不断续写着新的篇章，是徐州人最

---

① 另一个为儒教。

为宝贵的财富。

淮塔雕塑的总体构思匠心独运。主题建筑淮海战役烈士纪念塔的两侧，采用大型浮雕，以典型集中的方式将部队官兵前仆后继的情节，与民兵民工随军转战的壮举，巧妙构思，聚集一起，展现了人民解放军一往无前和人民群众奋勇支前的壮丽情景，军魂与民心并驾齐驱，揭示战役的胜利之本。北侧的碑林前是毛泽东主席雕像，背景石壁镌刻当年他对这场战役指令的手迹。南侧纪念馆附近是总前委群雕。从领袖那镇定自若的神态刻画，领略到运筹帷幄决胜千里的宏伟气魄。馆内雕塑按照整个战役过程生动再现了淮海战役伟大历史画卷（图4-79）。

双拥碑为徐州"双拥模范城市"的标志性雕塑。老双拥城碑于1989年5月20日落成，碑体形似军民两人相互拥抱，其总高度16.9m，下部4.8m，上部12.1m，寓意1948年12月1日徐州解放；两

淮海战役烈士纪念塔

右侧群雕

左侧群雕

毛泽东主席雕像

总前委群雕

图4-79　淮塔雕塑

块碑体间距40cm，寓意1988年12月1日徐州解放40周年。南北两面镶嵌徐向前元帅题写的"双拥城"三个镏金铜质大字（图4-80）。

新双拥碑高15m，上半部铜质，下半部白色花岗岩，底座黑色。整体主题设计为两只紧握的手的抽象造型，雕塑下半部分四周为反映拥军爱民的浮雕，正面雕有邓小平题写的"双拥模范城"（图4-80）。

（2）当代徐州精神纪念雕塑、小品

1）凡人善举，有情有义——好人园

老双拥碑　　　　　　　新双拥碑

图4-80　双拥碑雕塑

好人园位于云龙湖珠山公园北侧，作为第一座"体现凡人善举、凡人壮举"纪念徐州普通百姓的园林，广场入口设置了一个由五颗心形建筑组成的"爱心"标志性雕塑。广场内立5根花岗岩美德柱，分别篆刻了仁、义、礼、智、信几个大字。贺思群、李影、刘开田、渠立强、宋玮、王杰、夏爱民、张公兰、张广之、张玲兴、掌家忠11座好人雕塑分别位于广场两侧。最里侧是一个善举墙，上书"存善心、积善行、养善性"，好人园宣传彭城好人、道德模范、美德少年、彭城孝星，叙述历史，启迪后人（图4-81）。

图4-81　好人园雕塑

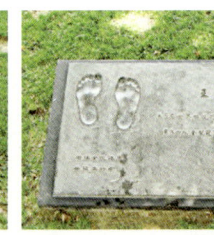

图 4-82 东坡运动广场雕塑

2）勇于拼搏、敢于争先——东坡运动广场

徐州人古来尚武[1]，勇于拼搏、敢于争先的人文精神在竞技体育领域表现得尤为突出。徐州市1958年获"全国学校体育红旗市"称号，以后多次被评为全国"田径之乡"，沛县被称为"武术之乡"，竞技体育实力保持全国前列。

东坡运动广场以体育为主题，在主入口的正前方，设立了一座高9m、重11t的铜雕，艺术再现了徐州市高山滑雪、乒乓球、技巧等传统优势项目。在72m长的冠军大道上，雕刻了20名徐州籍世界冠军运动员的足迹及名言。通过雕塑，不仅可以了解徐州市体育历史上的辉煌战绩，同时也激励人们向更高、更强的目标迈进（图4-82）。

4.5.2 主题性雕塑、小品

主题性雕塑、小品是对某个特定地点、环境、建筑主题的说明，以弥补一般环境缺乏表意的功能，点明甚至升华主题，使观众明显地感到这一环境的特性，具有纪念、教育、美化、说明等意义。这一类雕塑、小品紧扣城市的环境和历史，可以看到一座城市的身世、精神、个性和追求。

奎山公园以"劝学、励志"为主题，在距公园入口不远处，以书简的造型设置"开卷有益"雕塑，开宗明义，点明公园的主题。六艺广场、世界名校、魁星点斗、状元桥系列雕塑则告诉人们"学海无涯，唯有勤苦学习，六艺归于一心，方能到达理想的彼岸"（图4-83）。

彭祖园名人雕塑，以徐州历史名人为主题，除名闻遐迩彭祖、刘邦、项羽外，还汇集了徐偃王到王杰的数十位名人名士，集中反映徐州数千年光辉历史中灿烂的一页页篇章，深度表现了徐州的人文特点。整个项目传承了千年历史文明，起到了通过名人"感受历史、感悟文化、感染徐州、感染心灵"的效果（图4-84）。

黄河夺泗以后，徐州城屡遭水患，为防灾祸，历史上曾数次铸铁牛以镇黄水。为重现徐州人与黄水抗争的历史，1985年按嘉庆己未（1799年）庚午月庚辰日庚辰时铸之铁牛之形，重铸镇河铁牛，翘鼻昂首，两眼圆睁，似洪水一来，即长吼报警。1987年又铸一尊立式铜牛，其雄姿勃勃，昂首高吼，象征着历代徐州人民战胜故黄河水患，拓荒进取的时代精神（图4-85、图4-86）。

---

[1] "大彭国"时即有了彭祖气功。春秋时期，游泳活动颇盛。汉画像石中有举重、摔跤、狩猎、六博、武术等生动刻绘。

开卷有益

魁星点斗

六艺广场

世界名校（局部）

图 4-83 "劝学、励志"雕塑

徐偃王	刘裕	李煜
张道陵	净检法师	解忧公主
刘向	刘知几	刘义庆
吴亚鲁	郭影秋	王杰
一门三烈	马可	武衡

图 4-84 彭祖园部分名人雕塑

图 4-85 故黄河铁牛

图 4-86 故黄河铜牛

4.5.3 装饰性雕塑、小品

装饰性雕塑、小品轻松、欢快，表现内容广泛，表现形式也多姿多彩。它创造一种舒适而美丽的环境，使人在会心一笑中会心一悟（图4-87、图4-88）。

图 4-87 金龙湖公园装饰性雕塑、小品

拔河

泡泡鱼

斗鸡

呆呆蟹

图 4-88　大龙湖公园装饰性雕塑、小品

4.5.4　功能性雕塑、小品

功能性雕塑、小品的首要目的是实用，比如公园的垃圾箱、大型的儿童游乐器具等，是将艺术与使用功能相结合的一种艺术，它在提供便利的同时，也美化和丰富了景观环境，启迪人们的思维，让人们在生活的细节中真真切切地感受到美。

滨湖公园诗词灯采用矩形结构，将历代著名诗人的诗句镂空于灯体表面，展现了五千年文化的历史底蕴。狮子山汉文化园的"编钟灯"，楚园的"戈形灯"，彭祖园的"福灯"、"寿灯"，故黄河公园、奎山公园"历史长卷"式景点说明牌，植物园景木质导游牌，楚园拐子龙纹的坐凳、滨湖公园波浪形坐凳等则进一步强化了公园的主题（图4-89）。

4 | 园林营造 107

彭祖园福、寿路灯、地灯

楚园戈形灯

龟山公园拐子龙纹灯

植物园花灯

植物园景导游牌

奎山公园导游牌

狮子山汉文化园导游牌

楚园的坐凳

龟山公园的坐凳

图 4-89　功能性性小品

参考文献

[1] 曹林娣,许金生. 中日古典园林文化比较[M]. 北京:中国建筑工业出版社,2004.

[2] 梁珍海,秦飞,季永华. 徐州市植物多样性调查与多样性保护规划[M]. 南京:江苏科学技术出版社,2013.

[3] 程金华,薛田生. 淮海战役烈士纪念塔园林绿化规划[J]. 林业科技开发,1991,(3):8-9.

[4] 高辉. 徐州早期建立党组织的历史机缘[J]. 徐州工程学院学报,2006,21(5):14-16.

5 园林管理

城市园林绿化管理是城市管理的重要内容，园林绿化主管部门通过行使公共权力，依法保护、管理和规划、组织、指导城市园林绿化建设的行为，是城市园林绿化健康发展的制度保障和组织保障。

5.1 当代徐州园林绿化的发展动力与政策机制

所谓动力机制，是指一个社会或行业赖以运动、发展、变化的不同层级的推动力量，以及它们产生、传输并发生作用的机理和方式。所谓政策机制，则是指一个社会或行业的各个组成要素和部分之间如何协调相互关系，保持平衡，以有序、稳定状态运行的机理和方式。

5.1.1 当代园林绿化的发展动力

1. 生态文明建设为当代园林绿化发展提供了根本动力

从人类社会发展历程的纵向来看，生态文明已成为继农业文明、工业文明之后的第三种文明；从社会现实存在的横向来看，生态文明是和物质文明、政治文明、精神文明并列的另一种文明形式。生态文明的提出和实施，是人类对工业革命以来发展模式反思的结果，是人类发展观的一次飞跃，是人类文明理念的一次创新。

城市园林绿化是城市中唯一有生命的基础设施，是城市生态建设的主体，城市特色风貌和品位最有代表性的部分[1]，古树名木更是城市有生命的历史文物和文化符号。

党的十六大提出要努力开创生产发展、生活富裕和生态良好的文明发展道路。党的十七大提出了建设生态文明战略任务。党的十八大报告更站在全局和战略的高度，把生态文明建设与经济建设、政治建设、文化建设、社会建设一道纳入中国特色社会主义事业总体布局，并对推进生态文明建设进行全面部署，要求全党全国人民更加自觉地珍爱自然、更加积极地保护生态。

党中央关于生态文明建设的重点战略，为园林绿化发展提供了根本动力。

2. 市民需求为当代园林绿化发展提供了持续的内生动力

如同所有事物发展的规律一样，当代园林绿化的发展，内因起着决定作用。

城市园林绿化是活的城市基础设施，不仅展示了城市的风貌，提升了城市品质，而且与人们的生产、生活环境密切相关，是决定人们生活质量的重要因素之一。随着全民健康意识的不断提升，广大市民群众对更高水平生活环境的需求，当代园林已经成为城市居民的一种生活方式和消费方式，如同马克思所说的是消费创造出新的生产的需要，创造出生产的动力。

另一方面，让园林绿化的发展成果惠及更广大民众，其意义在于我们的国家是人民的国家，发展是人民的事业。发展为了人民，发展依靠人民，体现了科学发展的本质立场。在城市园林绿化发展进程中，坚持以民为本的理念，以保障和改善居民生活环境为重点，促进社会公平正义，推动发展成果惠及更广泛地区、更广大民众，从而赢得最广大的市民群众的支持，为园林绿化发展提供了持续的内生动力。

3．市场化改革为当代园林绿化发展提供了强大的外部推力

城市园林绿化覆盖一二三产业，产品的使用价值、商品价格具有影子价格与市场价格二者并存的特征。其在城市生态文明建设中的基础性地位，使之成为"对国民经济和社会发展具有全局性、先导性影响的基础产业"。

城市园林绿化的影子价格，附着于公共产品，如制氧、调温、杀菌、滞尘等；其市场价格，由有形产品和无形产品两部分组成。有形产品形成市场价格，如苗木生产、园林工程施工、苗木养护管理等；一些无形产品也能形成市场价格，如周边地价增值、周边服务增收、旅游收益等。

城市园林绿化孕育的巨大经济和社会价值，通过市场化改革，吸引了众多社会资本参与园林绿化建设的积极性，有效化解了过去单一依靠政府投资的不足，为园林绿化发展提供了强大的外部推力。

5.1.2 当代徐州园林绿化的发展政策机制

1．园林绿化公共财政投入体系保障有力

城市园林绿化建设是一项系统工程，其正外部性特征，要求推进城市园林绿化建设需要得到强有力的政策扶持和完善的制度保障。

徐州城市园林绿化始终坚持以政府投入为主，把建设和管理资金纳入市、区两级公共财政，实现稳定的经费来源，确保园林绿化公益性和专业化的发展方向。经费投入结合当年人力与物价水平，充分考虑工程和管护成本。同时，恢复公园广场重要设施维修专项资金，专款专用，从而解决各公园广场设施设备年久失修、损坏严重的现实问题，使园林绿化能够在一个相对宽松的环境下不断发展、进步完善。2010年到2014年5年中，全市园林绿化养护财政资金投入由0.4亿元增加到1.48亿元，年均增长29.66%。其中，市本级园林绿化养护财政资金投入由0.15亿元增加到0.84亿元，年均增长40.64%，区级园林绿化养护财政资金投入由0.25亿元增加到0.64亿元，年均增长20.6%（表5-1）。

2010~2014年徐州市园林绿化财政资金投入情况一览表 （单位：万元） 表5-1

年度	项目	合计	市本级	泉山	云龙	鼓楼	贾汪	铜山
2010年	建设	151503.5	34700	36	83779	2789.5	496	29703
	维护	4037.1	1524	89.5	1469.7	465.9	50	438
2011年	建设	98657.92	53200	142.7	2417.8	6933.2	398.2	35566
	维护	8028.32	4558.3	116.1	1857	837.7	169.2	490

续表

年度	项目	合计	市本级	泉山	云龙	鼓楼	贾汪	铜山
2012年	建设	158346	104700	339	25119.2	12879	2320.6	12988
	维护	11396.12	7011.7	402.5	2069	1113.3	185.6	614
2013年	建设	55905.95	24900	36	7484.5	4793.5	7191.9	11500
	维护	13889.32	7392.4	504.8	2956	1335.9	328.2	1372
2014年	建设	61394.5	39200	5200	1238	419.5	3397	11940
	维护	14797.4	8387	510	1861	1678.1	1317.6	1044

2. 园林绿化市场化投资政策迈出坚实一步

为适应城市园林绿化建设快速发展的需要，在不断增加财政投入的同时，市委、市政府积极探索稳定、多元的投资机制，将公私合作（PPP）等引进城市园林建设，拓宽建设资金投入渠道，鼓励社会投资，推动公民、法人和其他组织加入到园林绿化建设中。如龟山公园建设中，采取公私合作、经营收益比例分享等政策，引进2家民间资本，建设了"龟山探梅"、"点石园"、"圣旨博物馆"3个园中园，形成了以汉代墓葬遗址为基础，皇陵文化、石刻文化、生态文化相互映衬，特色鲜明，景观优美的历史文化空间，形成了互利双赢、相得益彰的共同发展态势，带来了良好的社会效益和经济效益。

3. 园林绿化社会参与政策体系不断深化

提升社会公众园林绿化的参与度，推动公民、法人和其他组织参与、资助和关心园林绿化建设，进一步提高全社会绿化、美化城市的积极性。

一是加强城市建设各项政策、措施的统筹。将园林绿化和生态环境治理纳入城市交通、水利、房地产开发、矿山建设等规范和标准中，动员和促使城市建设的各个方面共同参与园林绿化建设。在房地产开发和居民小区建设中，以地方法律的形式，在《徐州市城市绿化条例》中，建立了园林绿化的强制标准，有力促进了社会绿化工作的开展。在推进荒山绿化过程中，市委、市政府制订了"不求所有，但求所绿"的政策，完善承包合同，明确政府投资造林绿化、承包户负责护林防火等责任，较好地兼顾了山林承包人的利益，促进了荒山绿化工作的开展。在矿山废弃地生态修复中，将矿山环境治理与土地整理、采矿权有偿使用相结合，通过土地出让收益和剩余矿产资源采矿权的市场化配置解决治理资金；同时，实行"谁治理、谁收益"的政策，建立合理的投资优惠政策和收益分配政策，吸引包括外资在内的商业性投资从事矿山环境治理产业，构建投入—产出的良性循环机制。

二是创新园林绿化社会参与平台建设。成立"徐州市生态文明建设研究会"、"徐州市守望家园生态文明建设基金会"和"徐州市生态文明建设研究院"等创新性社会组织，将政府、大学、科研机构、企业和市民群众有机组织起来，动员起社会力量广泛参与生态文明建设事业。发挥研究智库作用，为实施生态文明建设工程提供理论支撑和智力支持；创新建立非公募生态基金的形式积极引导社会力量建设生态文明示范工程；创新推进第三方监督机制，建立"守望家园"志愿者队伍和"守望家园网"，加大对市区公园、绿地、山体、河湖的巡查力度，发挥志愿者在园林管护评判、突出问题曝光、意见建议征集、重大情况发声等方面的积极作用。

5.2 园林行业管理

"欲木之长，必先固其根本；欲流之远，必先浚其源泉"。加强园林行业管理能力建设，增强对全市园林行业各有关活动的统筹、规划、协调、监督并为之提供各种服务的能力，是城市园林绿化事业又快、又好发展的重要保证。

5.2.1 强化提升行业管理能力

强有力的园林绿化管理机构是保障城市园林绿化建设和发展的组织保证。近十年来，根据全市园林绿化事业发展需要，按照政府职能分工，不断强化园林绿化管理机构，依法有效行使行政管理职能。

2009年以前，徐州市园林风景管理局为市政府直属事业性城市园林绿化主管机构，内设5个职能处室，编制22人。2010年，市政府改革政府组成部门设置，设立"徐州市市政园林局（徐政办发［2010］112号）"，作为政府组成部门（行政局），机关编制增加到31人。为增强对全市园林绿化的业务指导和监督管理，市市政园林局下设城市园林绿化管理站、执法支队、工程质量监督管理处、公园（广场）养护管理中心和植物园、园科所、设计院、监理公司等事业单位。形成了完整的行业管理和专业技术指导、服务体系（图5-1）。

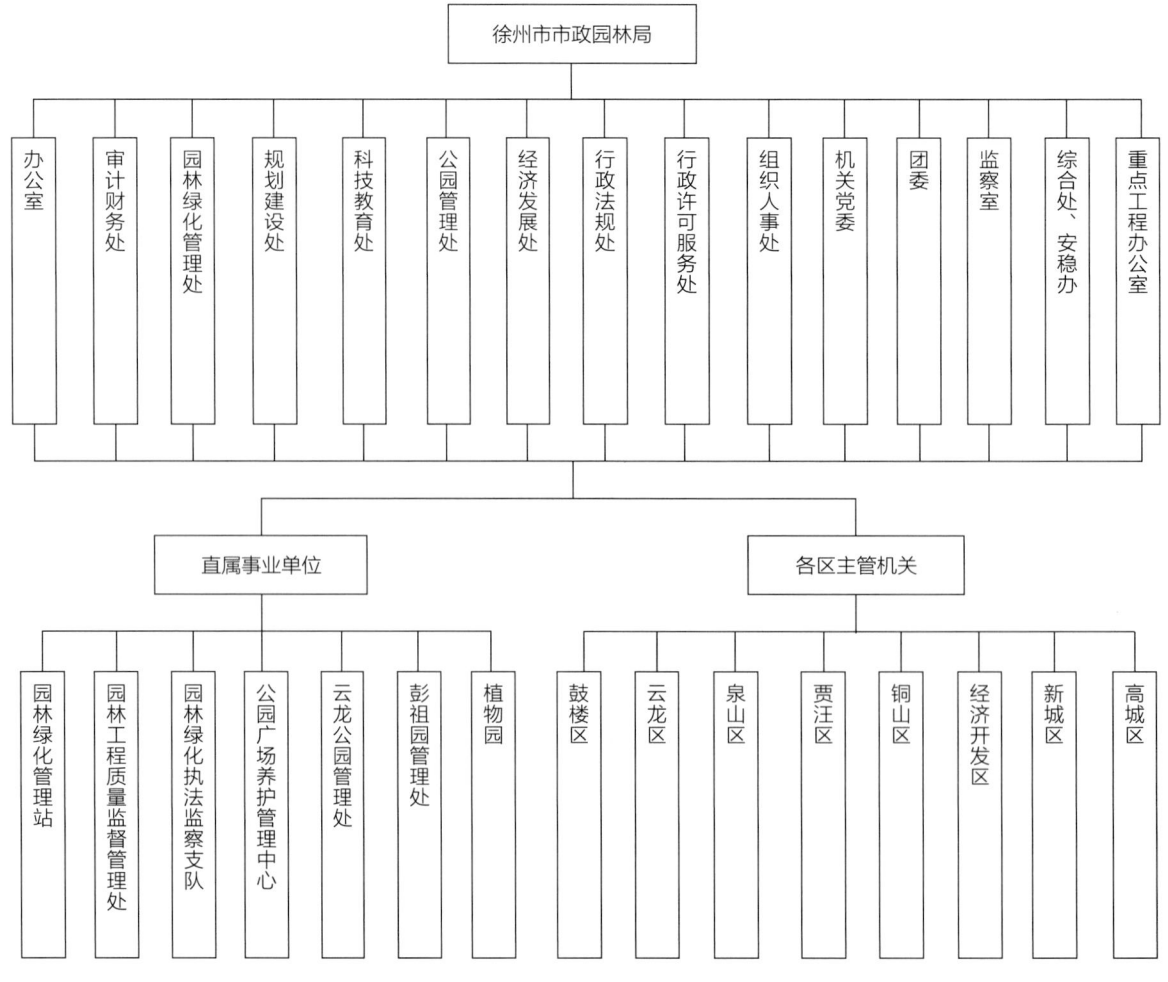

图5-1 徐州市园林行业管理组织体系图

园林绿化管理机构的不断健全和地位的不断提升，有效地增强了行业管理能力，根据《徐州市城市绿化条例》等法规、政府规章和政府机构"三定方案"，对全市园林绿化规划、方案设计、施工建设、竣工验收、养护管理、资源保护等城市园林绿化全过程进行监督管理和行业指导。

5.2.2 加强科技队伍建设提升创新能力

加强园林科技人才队伍建设，充分发挥园林科技人才作用，是园林事业不断创新发展的必由之路。根据全市园林绿化事业发展的实际，在徐州市城市园林绿化管理站、徐州市园林绿化工程质量监督管理处（原徐州市园林技术工程处）2个技术管理和推广机构的基础上，2012年，经市编制办公室批准，设立了徐州市生态文明建设研究院、徐州市园林植物研究所和徐州市植物园3个专业科研和科普机构，进一步增强了园林绿化科研、新技术推广和科普宣传能力。市级园林绿化科研推广专业技术人员达到126人，其中，副高级以上职称的34人，中级职称的47人。

为提高青年科技人员的科研能力，以课题为载体，实行"以老带新"制度，同时每年组织开展优秀科研论文的征集评选，编印《徐州园林》等促进技术交流。各单位按照职能分工，每年安排一定经费用于科技研究和新技术推广的同时，积极向省、市科技主管部门申请科研专项，2010年以来，"徐州市采煤塌陷区生物修复关键技术研究"、"基于生态功能的园林植物群落配置关键技术研究"等6项园林绿化类科研项目获得省、市科技主管部门立项扶持，研究成果在实际应用中得到推广，获省、部级、市科技进步奖多项。一批园林科技专著公开出版发行。

5.2.3 完善法规提升监管服务能力

城市园林绿化作为承担着为城市居民提供公共服务的社会公益事业，同时，园林的建设活动又是一项经济性很强的产业活动。其社会公益属性和产业属性，都涉及广泛的社会主体和复杂的利益关系，强化日常管护，规范市场监管，必须以健全的法律法规为基础。

根据中央加强生态文明建设的战略部署和城市园林绿化事业快速发展的实际，不断深化城市园林绿化制度建设。市人大常委会根据城市发展的新形势，对1996年制定、2004年修订的《徐州市城市绿化条例》于2013年再次进行修订，并专门制定了《徐州市城市重点绿地保护条例》、《徐州市山林资源保护条例》。市政府和园林绿化主管部门围绕城市绿线和重点绿地管理、园林绿化工程管理、园林绿化养护管理、园林绿化公示制度、古树名木保护、控制大树移植与防止外来物种入侵等制订了《徐州市城市绿线管理办法》(徐政发〔2005〕79号)、《徐州市主城区绿地养护管理以奖代补考核暂行办法》(徐政办发〔2007〕27号)、《徐州市城市园林绿化损坏赔偿标准》(徐政办发〔2009〕21号)、《徐州市市区园林绿化公示制度》(徐园〔2011〕34号)、《徐州市启用城市园林绿化审批专用章和绿化合格专用章的实施意见》(徐政发〔1999〕183号)、《徐州市大规格树木保护管理办法》(徐园〔2010〕108号)、《徐州市城市园林绿化防止外来物种入侵管理办法（暂行）》(徐园〔2011〕58号)、《徐州市古树名木保护管理暂行办法》(徐州市人民政府令第66号)等三十多个制度文件和工程技术管理文件，并严格执行，有力地保证了园林绿化工作的法制化、制度化、规范化和常态化管理。

5.2.4 全方位推进市场化、标准化改革

园林绿化工程建设和养护的市场化，可以最大限度地提高公共财政投资效率。为此，先后研究

出台了《市政府关于市区新增绿地养护管理移交工作实施意见》（徐政发〔2007〕20号）、《徐州市主城区绿地养护管理以奖代补考核暂行办法》（徐政办发〔2007〕27号）、《徐州市市区公共绿地养护管理办法（试行）》（徐政规〔2011〕2号）、《徐州市城市开放型公园（广场）绿地管理办法（暂行）》（徐园〔2011〕70号）和《徐州市市区公共绿地分级动态管理意见》等系列规章和政策，有力推动了园林绿化市场化改革不断深入发展，目前，全市财政投资的园林工程建设市场化率和园林绿化养护管理市场化率均达到100%。

在推进园林绿化市场化改革的过程中，由于市场机制起作用的原理在于每个参与者理性地追求个人效用最大化。因此，将社会公共利益最大化作为政府干预和市场自由的均衡点，从工程招标投标、市场监管、工程监管和监督考核等各个环节，建立标准化体系，推行标准化管理，就成为市场化改革的重要条件——标准化是法律体系向具体化、精细化方向的延伸。利用标准化手段，发挥标准协调一致的特性，系统制定和推行社会治理和公共服务标准，使社会生活的各个细分领域和各个环节都遵循一定的标准有序和谐运行。城市园林绿化的社会公益属性和产业属性，前者作为政府为人民群众提供的一项公共服务，借助标准化的方法，各项指标可以量化，能有效规范政府基本公共服务供给的同时，还可以避免公共资源供给过程中的浪费、效率低下等现象。后者作为市场经济活动之一，标准化则是加快转变政府职能、创新监管方式、建立公平开放市场体制的重要条件。

为完善园林绿化工程建设和养护管理的市场化体系建设，几年来，先后组织编制并实施了《徐州市园林工程施工规程》（徐园〔2014〕66号）、《绿化栽植工程质量检验标准》DB 3203/T 505—2009、《园林绿化养护管理规范》DB 3203/T 502—2008等系列技术标准，对园林工程建设和养护管理进行规范。这些标准的制订与实施，使城市各类公共绿地的建设和养护有据可依，对规范市场主体行为，方便社会督导，取得了显著成效。

5.2.5　规范运营确保公园公共属性

公园绿地作为政府为市民群众提供的一项公共服务，在公园运营中坚持公园的公共资源属性，完善政策措施，加大公共财政投入，确保公园姓"公"。做到新建公园全部免费开放，原收费经营的快哉亭公园、云龙公园、云龙山公园、彭祖园、泉山森林公园等也全部实施敞园改造和免费开放，园内所有服务设施向全体社会公众开放服务，杜绝任何单位和个人在公园内设立为少数人服务的会所、高档餐馆、茶楼等。

公园免费开放后，原来的差补、定补、自收自支性质的各公园全部由公共财政全额负担，既解决了职工的后顾之忧，也避免了公共资源的利益化问题。内部管理模式由原来的"以费养人"改为"以费养事"，由"内部安排"改为"公开招标"，由"以包代管"改为"科学管理"，推进全员竞聘，将原来的事业身份职工通过竞聘分流进入绿化、保洁、保安等企业公司，全面接受中标企业的管理，与中标公司人员同工同酬，按考核绩效兑现工资。按照全额拨款由市财政兜底，补助事业与企业工资的差额部分，既实现公园管理市场化，又解决了原有职工的安置，积极、稳妥的体制、机制改革改善了公园的运营管理，保证了公园公共属性，实现了多方共赢和良性循环。

5.2.6　信息化推进园林管理现代化

信息化管理是实现园林绿化行业管理现代化、科学化的基础。

为建设信息化城市园林绿化管理平台，2010年，在研究制订《城市园林绿化资源调查技术规程》DB3203/T 506—2011的基础上，采取遥感调查与现场调查相结合的办法，经1年多时间实际调查，建立了基于GIS技术的《徐州市城市园林绿化信息系统》，覆盖面积319.79km^2，为当年城市建成区面积的134.37%。信息数据库包括绿地的空间位置、类型、面积、土壤、植物、权属、保护状态等72个自然属性和社会属性因子，绿地属性反映全面，较好地满足了分级查询、统计、监测、管理等需要。为保证系统信息的实时性，2013年又组织实施了"徐州市城市园林信息系统基础数据更新"。

为更好地满足园林绿化信息发布和社会服务需要，保障公众参与和社会监督，2013年2月，对始建于2007年的《徐州园林绿化网》进行重大改版，新版《徐州园林网》设置有园林概况（徐州园林概况、联系我们）、政务公开（机构设置、领导分工、局属单位、发展规划、计划总结）、政策法规（园林绿化法规、绿化标准和规范、规章和规范性文件）、园林建设（重点工程、规划设计）、园林管理（公园管理、绿化监管、园林执法、安全生产、应急管理）、科技教育（教育培训、园林科技）、新闻动态（园林新闻、县区动态、行业信息、媒体报道）、公告通知、公众服务（办事指南、办理流程、表单下载）、创建国家生态园林城市（实施方案、领导讲话、创建标准、创建动态）、城市重点绿地（保护条例、重点绿地名录、绿地简介）等栏目。为方便广大市民参与城市园林绿化监管，利用网站平台开办了局长信箱、民意征集、投诉举报、访谈直播（访谈计划、在线访谈）。

园林绿化管理信息技术的应用，为宣传园林绿化，沟通社会各界，保障公众参与和社会监督发挥了较大作用。自改版至2014年6月，已发布信息1508篇，总访问量153649次，日平均访问量287次，历史最高访问量为1106次。

5.3 园林工程管理

市市政园林局作为政府公共部门，园林工程管理是建立在预防和解决园林建设工程市场化问题的目标上。公平和公正是预防和解决市场化问题的基础，保证园林绿化建设质量是园林工程管理的核心，审慎、协调、引导是保障管理目标实现的基本措施。

5.3.1 公平——市场准入

按照中共十八届三中全会审议通过的《中共中央关于全面深化改革若干重大问题的决定》提出的"建设统一开放、竞争有序的市场体系"要求，将全部园林绿化建设工程纳入《徐州建设工程交易网》，建立公平开放透明的市场规则，实行统一的市场准入制度。

市市政园林局组建了由园林、财务、人事等专业人员组成的园林绿化企业资质审核专家委员会，按照住房和城乡建设部建城〔2009〕157号《关于修订〈城市园林绿化企业资质标准〉的通知》规定的标准，对在徐州登记注册的园林绿化施工企业进行资质审核。

完善投标人资格审查备案制，对进入徐州园林绿化工程建设市场的企业，以企业业绩和项目经理人的审核为重点，积极防止假借企业资质，串标、围标等行为，反对不正当竞争。

健全园林绿化工程评标专家库。评标专家在招标评标过程中是一个极为重要的角色，优秀的评标专家对评标结果以及项目的完成起到重要的作用。建立规范、系统、专业全面的评标专家库，是保证招投标工作成功进行的重要条件。评标专家库由项目管理、园林绿化、工程经济等方面具有较高理论水平和丰富实践经验的专业人员组成。规范园林绿化建设工程招标评标程序和标准，加强对评标专家的监督管理，保证评标公平、公正，保障竞争有序和公开、公正、平等竞争，维护公共利益和投标当事人的合法权益。

5.3.2 公正——工程质量要求标准化

一个园林绿化工程，按造园的要素及工程属性，涉及地形（土方）工程、水景工程、假山（山石）工程、铺装（场地与园路）工程、植物（绿化）工程、建筑工程、雕塑工程、小品工程、给水排水工程、供电与照明工程等，技术领域众多，质量水平控制涉及面广。一方面，作为政府园林行业监管者，也常常直接代表政府实施重大园林建设工程，起业主作用，从而成为园林建设市场的参与主体。另一方面，现代园林绿化建设市场的竞争日益激烈，对每个施工项质量要求的高低，不仅直接关系到园林工程建设最终达到的水平，还对施工企业经济效益具有直接的影响。因此，以科学、技术和实践经验的综合为基础，以促进最佳社会效益为目的，经过有关方面协商一致，科学、合理地设置质量水平标准，作为业主和施工企业共同遵守的准则和依据，是科学推进园林绿化建设工程市场化的必要条件。

为规范园林绿化工程建设质量各责任主体的质量行为，保障全市园林绿化建设工程实体质量水平，先后组织编制并施行了《城市绿地设计文件编制标准》DB3203/T 505—2009、《徐州市绿化工程植物栽植技术规程》DB3203/T 503—2009、《绿化栽植工程质量检验标准》DB3203/T 505—2009等标准。其中，《城市绿地设计文件编制标准》DB3203/T 505—2009规定了城市绿地设计中的术语和定义、设计分类、设计内容、设计文件内容及深度要求、设计制图要求等。《徐州市绿化工程植物栽植技术规程》DB3203/T 503—2009规定了绿化工程植物栽植技术的术语和定义、基本要求、栽植前准备、种植材料和播种材料质量、种植前土壤处理、起苗和运输及假植、槽穴的挖掘、苗木种植前的整形修剪、苗木种植、大树移植（不包含古树）、草坪、花卉种植、屋顶绿化、垂直绿化、种植后养护管理。《绿化栽植工程质量检验标准》DB3203/T 505—2009规定了绿化栽植工程质量检验中的术语和定义、质量检验标准的划分和等级、以及各分项工程的具体检验标准，统一了绿化栽植工程质量检验方法。这些标准的制订和施行，对规范园林绿化建设各相关主体行为，节约绿化建设资金，确保城市园林绿化工程施工质量，公正保护各方权益，起到积极的作用。

5.3.3 审慎——"三级控制"设计质量

园林工程设计既是一项艺术创造活动，又是众多复杂技术活动的组合；既是美学过程，又是复杂的技术过程。另一方面，园林工程是为广大市民服务的公共产品。因此，园林工程的设计，必须在人们普遍的审美观与工程（生物）技术和经济性之间达成一种平衡。即既要尊重园林设计师的审美个性，也要遵守审美判断的客观性，遵守科学性和技术规律。

为确保将每个市重点园林工程建成精品，在园林工程设计中坚持公开招标，专家评审，公众参与评审，市规委会集体决策的三级控制管理机制。市市政园林局对政府确定的园林绿化工程建设项目，逐个拟订具体的设计目标要求，并向社会公开招标。组织专家评审小组对各个投标企业提交的设计方案进行初步评选。每个项目选出不少于3个方案，向社会公示，征求广大市民意见。在此基础上，将专家评审小组和公示反馈意见提交设计单位进行修改。修改方案再提交"市规委会"进行比选、审定，最终形成符合徐州实际、具有地方特色的设计方案。

在项目方案设计论证过程中，重点关注以下内容。

（1）产品定位，主要包括功能设计能否达到预定建设目标；设计理念是否新颖，设计元素是否鲜明；总体风格是否表述清晰，与场址环境风格是否匹配；场址文化与特色是否突出；是否产生较强的艺术震撼感等。

（2）总体布局，主要包括总体功能分区是否明确、合理且具人性化；软、硬景布置比例是否合理；各个空间的尺度是否适宜，而且有适当透视，不封闭，保持各场景的连续性；是否在各个空间内营造若干情趣场景；是否有相对私密的空间等。

（3）交通与广场系统，主要包括总体道路布局是否合理；设计是否为无障碍通道；主、次入口，人行、车行入口是否设置合理；机动车位和非机动车位是否设置合理；游步道、广场等活动空地设置是否适当等。

（4）竖向系统，主要包括是否富于地形变化；是否能快速组织排水；场地内外道路标高是否设置合理；综合管线布置是否合理；景观构筑物等标高设置是否合理；场地铺装或绿化衔接是否合理等。

（5）绿地系统，主要包括总体绿化设计是否有丰富的层次感、季相性及归宿感；植物树种选择是否合理性、经济性，是否与总体风格定位一致；乔、灌、草配置比例、群落结构是否合理等。

（6）硬质景观，主要包括建、构筑物是否有明显的风格特质；水景、假山是否具有目标风格的元素、材质、形态；铺装色彩的搭配与拼接铺贴的纹饰是否符合风格要求；围墙（栏）造型，体量，色彩是否与建筑风格一致；标识是否与风格目标下的纹饰，形状，线条，色彩一致；灯光是否突出了总体风格氛围等。

（7）园区管理，主要包括配套服务设施是否设置齐全（标识牌、消防栓、景观灯饰、垃圾箱、绿化灌溉点等）、布置合理，是否方便物业管理；软、硬景后期维护是否方便；出、入口管理是否具有人性化、经济化等。

（8）经济性，主要包括总体造价控制是否符合要求；是否符合项目建设控制等级；是否有成本优化点等。

5.3.4 协调——"三位一体"施工质量管理

园林植物是生命体，有别于其他建设工程材料，同一植物品种有其共性，还存在差异，需要施工人员发挥自己主观能动性，对它们进行因地制宜调配组合，才能达到最佳植物景观效果。另一方面，园林工程是以让人们获得视觉上的愉快感为重要条件，同时满足其他功能要求的作品，它对建筑工程的要求也更高。如铺装收口在图纸上并不难看，做成作品后却不美观，放样时按实际效果布局稍做调整，既不影响整体布局和使用功能，美观问题迎刃而解。因此，一个成功的园林工程作品的完成，施工现场管理极为关键，只有现场施工人员深刻理解工程设计的理念，通过自己的感悟进行配合调整，才能创造最佳的工程作品。这也是俗话所说园林工程"三分设计，七分施工"的原因。

市市政园林局在园林建设工程中，大力推行项目业主与工程施工单位、监理单位共同组建工程项目质量控制管理机构，形成"三位一体"的施工质量监管体系的质量管理方法，强化工程质量管理。

项目业主是质量控制贯穿建设主要过程的管理者和组织者，对质量负决策、监督、帮助、考核、验收责任。

施工企业对建设项目负有制造责任，要通过实行施工项目管理和建立项目质量保证体系确保各分项、分部、单位工程达到标准和合同要求，在施工中还要接受业主与监理方监督、检查。

监理单位为履行监理合同应进行质量目标控制，按质量标准、施工合同和设计要求实行质量目标。

在具体的质量控制工作中，秉持以"精心"、"精细"求得"精致"、"精品"的理念，首先从"治本"入手，督促施工企业健全质保体系并正常运转。在督促施工企业建立以项目经理为首的工地质保体系后，一是检查人员是否到位和称职，凡不到位的限期到位，不称职者更换；二是定期考核质保体系工作质量，如发现有违反规范、规程施工，或企业自评分项质量等级与监理核定结果相比有降级的，给予黄牌警告，促进施工企业质保体系正常运转。

其次，做好施工前质量预控。一是搞好图纸会审，解决设计缺陷问题。施工企业进场后、施工前，建设单位组织好设计、施工、监理单位进行图纸会审，解决图纸本身的缺陷、节点遗漏和平立剖图纸不符等矛盾。二是进行二次深化设计，解决设计深度和精细化施工问题。工程施工前施工单位要对原图纸进行深化设计，绘制各阶段施工协调综合图纸，解决设计图纸和使用功能需求之间的关系及设计深度不能满足精细化施工要求的问题。三是进行图文并茂的技术交底，解决施工操作问题。施工单位必须对每一道工序的班组工人进行技术交底。技术交底的内容，要针对操作工人的特点，深入浅出，通俗易懂，要说明操作的要领、应注意的问题和必须要达到的标准，并对每个节点绘制简图，采用图片结合文字的方式进行交底，做到图文并茂、一目了然，解决施工操作过程中容易出现的质量通病。

第三，强化现场管理。一是控制源头，严把原材料质量关。没有高质量的材料，就没有高水平的工程质量。为有力控制好材料质量，要求施工企业货比三家，择优选购，并对检查合格的样品封样或标识，作为以后进场控制质量的"样本"，未达到"样本"标准的材料，严禁使用，立即退场。二是坚持高起点，样板引路。样板制是被实践证明有效的质量控制方法，每个分项工程必须先做样板，不做样板或其不符要求的不得大面积展开施工。样板引路增强了现场施工人员对标准的直观认识和质量控制目标具体尺度的理解。三是实时跟踪，对各项隐蔽工程及时检查验收，发现施工质量问题及时整改。

第四，加强成品养护。园林景观主要组成部分是活的园林植物，其可塑性强，这种特点决定了只有高质量、高水平的养护管理，园林景观才能逐渐达到完美的景观效果，才能充分体现绿化的生态价值、景观价值、人文价值。为确保移交工程质量，实行施工企业二年养护的制度，强化了施工企业的质量意识。

5.3.5 引导——"精品园林"评比奖励

为促进全市园林工程建设质量和水平的提升，引导各施工企业多出精品，徐州市委、市政府在全市实行"精品园林工程"评比[①]活动。评比按照"党委主导、政府落实、统一组织、公开透明"的原则进行。被评为精品园林工程的施工公司（项目经理）、设计公司（主设计师）、监理公司（项目总监）在参加市园林工程投标时优先使用。

---

① 《徐州市精品园林工程评比办法（试行）》（徐政办发〔2014〕78号）

对申请参评精品园林工程的项目，要求工程各项资料齐全、规范；项目设计符合相关技术标准，满足功能需要，主题鲜明；项目整体布局合理，地形处理适当，较好地保护和利用了自然地形地貌，符合节约型园林要求；植物配置合理，乔木冠形优美，地被栽植精细；园林建筑物、构筑物及其他小品设置合理，既能满足功能需要，同时又具有较高的文化内涵，造型优美，景观效果好；铺装施工精致；养护管理达到《城市园林绿化养护管理规范》一级标准；受到当地居民好评等条件。

为帮助施工企业建设精品园林工程，市市政园林局专门组成重点办，协助做好工程的组织协调、服务保障、具体实施等工作。同时，建立并实施了领导包挂责任制、工地代表责任制、全程跟踪督察制和综合效能考核等制度，确保第一时间发现和解决施工现场存在问题，并以督办单形式下发施工单位。同时，在全市实施了"抄报单"制度，市领导视察现场的指示12h内抄报市政府及相关部门，提高了执行力和工作效率。

2010年至2015年的6年中，全市先后有云龙公园等65个项目获得了包括住建部和江苏省"人居环境范例奖"、"中国风景园林学会优秀园林工程金奖"、"江苏省扬子杯"、"江苏省优秀园林绿化工程奖"、"徐州市精品园林工程"等在内的87个奖项（表5-2）。

2010～2015年徐州市园林绿化建设工程获奖情况一览表　　表5-2

序号	工程项目	获奖名称	时间
1	云龙湖市民广场等绿化工程	中国风景园林学会"优秀园林工程"金奖	2010
2	云龙山生态修复工程	江苏省人居范例奖	2010
3	珠山宕口复绿综合治理工程	江苏省风景园林协会园林绿化优秀工程	2010
3	珠山宕口复绿综合治理工程	江苏省首批城市园林绿化示范类型及示范项目	2013
4	戏马台西坡绿化提升工程	江苏省风景园林协会园林绿化优秀工程	2010
5	新沂市城中引河景观带二标段	江苏省风景园林协会园林绿化优秀工程	2010
6	新沂市城中引河景观带一标段	江苏省风景园林协会园林绿化优秀工程	2010
7	徐州云龙山东绿化景观工程	江苏省风景园林协会园林绿化优秀工程	2010
8	云龙公园景观改造工程	江苏省扬子杯优质工程	2010
8	云龙公园景观改造工程	江苏省风景园林协会园林绿化优秀工程	2010
8	云龙公园景观改造工程	中国风景园林学会"优秀园林工程"金奖	2011
9	彭祖园景观改造工程	江苏省风景园林协会园林绿化优秀工程	2011
9	彭祖园景观改造工程	中国风景园林学会"优秀园林工程"金奖	2011
10	云龙公园片区景观提升及周边环境改造	江苏省高品质城市空间示范项目	2011
11	徐州市九龙湖公园改造工程二标段	江苏省风景园林协会园林绿化优秀工程	2011
12	徐州市新城区1、2号路景观绿化	江苏省风景园林协会园林绿化优秀工程	2011

续表

序号	工程项目	获奖名称	时间
13	云龙湖湖中路景观改造工程一标段	江苏省风景园林协会园林绿化优秀工程	2011
14	《双拥》雕塑	全国城市优秀雕塑建设项目优秀奖大奖	2011
15	百果园绿化景观工程	中国风景园林学会"优秀园林工程"金奖	2011
16	滨湖公园西园绿化景观工程	江苏省扬子杯优质工程	2011
16	滨湖公园西园绿化景观工程	江苏省风景园林协会园林绿化优秀工程	2011
17	九里湖采煤塌陷区生态修复工程	江苏省人居范例奖	2011
18	徐州汉文化景区园林绿化景观	江苏省优秀风景园林示范项目	2011
19	徐州湖东路景观带及十里杏花村	江苏省优秀风景园林示范项目	2011
20	徐州市新城区1号路景观绿化工程	中国风景园林学会"优秀园林工程"金奖	2012
21	云龙湖滨湖公园西园绿化景观工程三标	中国风景园林学会"优秀园林工程"银奖	2012
22	高铁站区站前路等景观绿化工程	江苏省风景园林协会园林绿化优秀工程	2012
23	黄河北路绿地工程	江苏省风景园林协会园林绿化优秀工程	2012
24	加强开放式公园广场管理 提升城市景观和群众满意度	振兴徐州老工业基地创新实践二等奖	2012
25	三环南路绿化二期BT工程二标段	江苏省风景园林协会园林绿化优秀工程	2012
26	奎山公园敞园改造工程	江苏省风景园林协会园林绿化优秀工程	2012
27	拖龙山二期景观绿化工程	中国风景园林学会"优秀园林工程"银奖	2012
27	拖龙山二期景观绿化工程	江苏省风景园林协会园林绿化优秀工程	2012
28	云龙山隧道东入口北侧绿地建设工程	江苏省风景园林协会园林绿化优秀工程	2012
28	云龙山隧道东入口北侧绿地建设工程	江苏省优质工程奖"扬子杯"	2014
29	新沂市沭河两岸景观带"沭河之光"	江苏省风景园林协会园林绿化优秀工程	2012
30	潘安湖湿地公园一期	江苏省首批城市园林绿化示范类型及示范项目	2013
31	青年路（中山南路—津浦路）	江苏省首批城市园林绿化示范类型及示范项目	2013
32	王陵路（中山南路—永安广场）	江苏省首批城市园林绿化示范类型及示范项目	2013
33	云龙湖珠山景区景观绿化工程（一标）	徐州市2014优质园林绿化工程	2013
33	云龙湖珠山景区景观绿化工程（一标）	中国风景园林学会"优秀园林绿化工程奖"大金奖	2013
33	云龙湖珠山景区景观绿化工程（一标）	徐州市"古彭杯"优质工程金奖	2014

续表

序号	工程项目	获奖名称	时间
34	云龙山敞园改造工程（一标）	徐州市2013优质园林绿化工程	2013
		徐州市"古彭杯"优质工程银奖	2014
		中国风景园林学会"优秀园林绿化工程奖"银奖	2014
		江苏省优质工程奖"扬子杯"	2014
35	云龙湖珠山景区景观绿化工程	江苏省首批城市园林绿化示范类型及示范项目	2013
36	二环西路（淮海西路—湖北路）	江苏省首批城市园林绿化示范类型及示范项目	2013
37	苏堤南路（淮海西路—永安广场）	江苏省首批城市园林绿化示范类型及示范项目	2013
38	徐州市奎山公园	江苏省首批城市园林绿化示范类型及示范项目	2013
39	徐州市彭祖园	江苏省首批城市园林绿化示范类型及示范项目	2013
40	徐州市植物园景观绿化工程（一标）	徐州市2013优质园林绿化工程	2013
		徐州市"古彭杯"优质工程银奖	2014
		江苏省优质工程奖"扬子杯"	2014
41	云龙湖珠山景区景观绿化工程（一、二、三标段）	江苏省优质工程奖"扬子杯"	2014
42	新城区公园（汉苑）工程	徐州市精品园林工程	2014
43	奥体中心景观工程	徐州市精品园林工程	2014
		江苏省优质工程奖"扬子杯"	2015
44	龟山汉墓景区二期提升工程	徐州市精品园林工程	2014
		江苏省优质工程奖"扬子杯"	2015
45	汉文化景区敞园绿化工程	徐州市精品园林工程	2014
		江苏省优质工程奖"扬子杯"	2015
46	湖西路绿化景观提升工程	徐州市精品园林工程	2014
47	黄河南路绿地工程	徐州市精品园林工程	2014
48	金山东路绿地绿化工程	徐州市精品园林工程	2014
49	金龙湖珠山北坡景观绿化工程	徐州市精品园林工程	2014
50	劳务港防灾避险公园工程	徐州市精品园林工程	2014
51	马场湖公园绿化工程	徐州市精品园林工程	2014

续表

序号	工程项目	获奖名称	时间
52	民祥园路街头绿地绿化工程	徐州市精品园林工程	2014
53	潘安湖生态湿地公园主入口景观工程	徐州市精品园林工程	2014
54	邳州323省道道路景观绿化工程	江苏省优质工程奖"扬子杯"	2014
55	邳州市陇海大道北延段景观工程	江苏省优质工程奖"扬子杯"	2014
56	泉山森林公园敞园工程	徐州市精品园林工程	2014
56	泉山森林公园敞园工程	江苏省优质工程奖"扬子杯"	2015
57	三八河滨河公园三期绿化工程	徐州市精品园林工程	2014
58	新沂市馨园建设项目	江苏省优质工程奖"扬子杯"	2014
59	馨园	徐州市精品园林工程	2014
60	三环东路广山公园	徐州市精品园林工程	2015
61	桃花岛公园提档升级工程（一标段）	徐州市精品园林工程	2015
62	徐州城东环状休闲公园工程（一期工程）	徐州市精品园林工程	2015
63	徐州高新区总部集聚区奎河综合整治工程	徐州市精品园林工程	2015
64	徐州潘安湖湿地生态（BT）项目（一区主入口建设工程）	江苏省优质工程奖"扬子杯"	2015
65	徐州市丁万河节点公园一标、二标	江苏省优质工程奖"扬子杯"	2015
66	楚园	徐州市精品园林工程	2015
67	大黄山苗圃森林公园项目工程	江苏省优质工程奖"扬子杯"	2015
68	凤凰山生态文化景区建设工程（一期）	徐州市精品园林工程	2015
69	鼓楼区白云绿地	徐州市精品园林工程	2015

5.4 园林绿地管养

现代城市园林已经从传统的建筑景观为主体演变为以植物及其群落为主体的生命景观体。这种生命景观体的维护——即通常所说的绿化养护管理，包括整体面貌维护、植物肥水管理、健康保护、造型修剪、花坛花境的种植、环境保洁、日常管理等，是城市园林绿化中一项长期的工作，它对园林工程的完善、景观的提升、生态效益的发挥和服务功能的实现，起着举足轻重的作用。

5.4.1 分级管养

为适应城市园林绿化快速发展中出现的绿化管养点多面广，市、区管理主体权责界定失衡，绿化建设管养积极性没有充分发挥等问题，2004年6月开始探索城市园林绿化"分级管理"制度，将绿化管理重心下移，调动和发挥各区、各部门力量。经过几年探索实践，2012年8月，按照"属地管理，重心下移，人随事走，财随事转"的原则，全面推进园林绿化管养体制改革。到2013年，全市的城市道路绿化、街头绿地和区域性公园等养护管理事权一律下放至所在辖区，由各辖区负责养护管理工作，市级设立城市园林绿化管理站、公园（广场）养护管理中心，初步建立了职能明确、标准具体、责任落实的分级管养机制。

将市区公园根据其规模和重要性等划分为市管公园、区管公园、社区公园3类。根据公园分级管理的需要，建立公园管理层——市公园（广场）养护管理中心——市市政园林局三级督查体制。其中，市市政园林局（公园处）负责全市公园管理规范化工作，市公园（广场）养护管理中心负责市级重点公园绿地的监管，各区园林局（处）负责辖区内公园绿地的监管。

根据公园等级类型和功能的不同，在服务标准、资金投入、考核检查等方面实行动态的差异化管理——根据面积、造价、人流量、附属设施、保安配备、景观效果等，分三级养护管理。考虑人工、材料、保安、保洁、设施维护、保安配备、树木补植、草花摆放及其他因素变化情况，分别核定综合养护管理经费标准。以2015年为例，一级（甲）类绿地年养护经费标准为$7\sim12$元$/m^2$、一级（乙）类绿地年养护经费标准为$5\sim8$元$/m^2$、二级绿地类年养护经费标准为$4\sim6$元$/m^2$、三级绿地年养护经费标准为$2\sim3$元$/m^2$。

5.4.2 市场化管养

传统的公园绿地管养机制体制是：一个项目建设完成后，经市编制管理部门批准，市园林主管部门设置一个直属事业单位，配备一套机构和工人负责公园的设施维护、绿化养护、环境卫生和安全等。市财政部门根据全市事业单位经费预算管理办法，按"人头"安排一定的经费。这种体制机制下，管理主体"小而全"，组织编制大，非一线人员多，职工缺乏必要的竞争性，工作积极性、主动性不高，全员效率较低。随着城市园林建设规模的急速增加，这种管理模式已无法满足新形势的要求。

为全面做好城市园林绿化管养体制机制改革，有效提升市区园林绿化管理整体水平，重点围绕由"以费养人"向"以费养事"转变，由"行政管理"向"市场管理"转变，由"定性考核"向"定量考核"转变，由"兼职教练"向"专职裁判"转变，以及由"突击检查"向"长效管理"转变等五大目标，从2007年起探索绿化养护市场改革之路[①]。

随着改革的不断推进，市政府先后出台了《关于加快推进市区绿化养护市场化进程的通知》、《关于市区新增绿地养护管理移交工作实施意见》（徐政发［2007］20号）、《徐州市市区城市绿地养护管理暂行办法》（徐政发［2007］19号）、《徐州市市区公共绿地养护管理办法(试行)》（徐政规［2011］2号）、《徐州市市区公共绿地分级动态管理意见》等系列规范性文件。市市政园林局先后制定了《园林绿化工程养护期考核办法（试行）》（徐园［2009］30号）、《市区开放式公园（广场）、景点管理办法》（徐园［2011］70号）等。市绿化站先后制定了《加强市区园林绿化管理检查督导工作的意见》、

---

① 2007年是开启徐州市绿化养护管理的市场化进程之年，当年通过市场化机制，招标确定了市管78hm^{2}绿地和区管83.5hm^{2}新增绿地的专业养护管理单位。

《主城区绿地养护管理考核小组管理制度》、《绿化养护管理检查考核办法》等相关制度和技术措施。在全市范围内不断规范监管体系，扩大监管范围，建立了"三级督查"考核管理体系，形成了市、区、社区公园绿地和道路绿地，绿化养护和保洁、保安全覆盖，横向到边、纵向到底的督查网络体系。

5.4.3 标准化管养

与园林绿化建设工程一样，标准化同样是园林绿化管护市场化必不可少的条件。由于传统的园林绿化管养是作为园林系统内部的一项工作，因此，能够提供科学的定量评价的管护标准的研究与推行都相对滞后。

为统一全市园林绿化管养技术标准，研究、制订并颁布实施了《园林绿化养护规范》DB3203/T 502—2008（以该规范为基础，经修订，于2013年被批准为江苏省地方标准DB 32/T 2484—2013），并配套出台了《绿化养护管理检查考核办法》、《园林绿化工程养护期考核办法（试行）》(徐园［2009］30号)、《徐州市市区公共绿地养护管理办法(试行)》(徐政规［2011］2号)等十多项规范性文件，建立了"日巡查、月考核、半年小结、年终总评"、"三级督查、四级考核"等监管制度，采取"背靠背"打分评判、"面对面"揭丑亮短，对所有市场主体的实行统一的技术标准要求，每年编发《绿化管理简报》24期，《绿化管理专报》15期。建立问题抄告回复体系，发现问题，随时下达《工作任务书》或《整改任务书》，对存在的问题要及时抄告养护单位整改回复，以保证养护质量的实现，保障养护市场的公平、公正性，充分调动了各单位的管理积极性和责任感，切实提升了管理效果。

参考文献

[1] 许娜子. 旅游城市园林景观对城市风貌形成的影响[D]. 长沙：中南林业科技大学，2009

6 创建国家生态园林城市

"生态园林城市"是建设部于2004年首先提出，并通过试点不断深化发展和完善的一个城市建设发展模式，目标是建设"人工生态与自然生态相协调，人文景观与自然景观和谐融通，并形成独特的城市自然、人文景观，具有优良的城市自然环境与优美的人居生活环境、绿色的产业、经济和社会体系的城市"。它强调城市内部空间环境生态化，自然的保护，城市与区域的协调发展，突出生态系统的支撑力；强调城市人文景观和自然景观的和谐融通；强调城市各项基础设施的完善；强调节能减排、循环经济、绿色生产，全民参与城市生态环境建设。在国内外各种城市发展模式中，是最具中国特色，也是最能全面反映城市生态文明建设内涵的一个模式[1]。

6.1 创建背景

徐州城市历史悠久，地处全国战略要冲，不绝于史的战乱，加之黄河夺泗侵淮等毁灭性灾害，自然植被遭到严重破坏，到1948年底，全市仅云龙山北端有山林约300亩，其他山地尽属童山，岩石裸露；市区仅有一座公园（快哉亭公园）；道路和街巷绿化方面，只有淮海路、大马路、复兴路（今更名为朝阳路）、民主路、故黄河堤等处有树不足2000株。1949年徐州解放后，历届中共徐州市委、市人民政府持续组织实施园林绿化建设，全市园林绿化事业从无到有，从少到多，从简到精，有了快速发展。1994年，市政府根据《城市绿化条例》（国务院令第100号）和建设部开展园林城市评选的要求，组织创建园林城市。全市围绕"路宽、地绿、水清、天蓝、景秀"，开展以道路、河流、风景区、广场、公园和街头绿地为主要内容的大规模城市园林绿化建设。2000年，江苏省政府批准徐州市为"省级园林城市"（苏政复［2000］219号）。

在此基础上，2002年，市政府制定《市政府关于开展创建国家园林城市活动的意见》（徐政发［2002］49号），提出了"科学制订绿地系统规划，逐步建立起'以中心城区绿化为核心，各类绿地衔接合理，生态功能完善'的城乡一体化绿地体系"。2003年，中共徐州市委市人民政府制定了《关于加强生态环境保护和建设的意见》（徐委发［2003］43号），随后，成立"徐州市创建国家卫生城市、国家园林城市、国家环保模范城市和省文明城市领导小组及指挥部"（徐委发［2004］55号），徐州市第十二届人民代表大会常务委员会通过了《关于大力推进"四城同创",建设文明徐州的决议》。创建国家园林城市各项工作全面展开,经过四年努力,于2005年10月通过建设部组织的专家组的现场验收,2006年获建设部"国家园林城市"命名(建成城〔2006〕14号)。

为进一步提升徐州城市生态环境质量,打造宜居城市,2008年9月,市政府组织原徐州市园林风景管理局(2010年6月更名为徐州市市政园林局,以下简称"市园林局"),成立创建国家生态园林城市调研组,赴苏州等"国家生态园林城市创建试点城市"进行考察学习。2010年,市园林局采取遥感调查与现场调查相结合的办法,组织市区城市园林绿化资源现状摸底调查,并正式提出《创建国家生态园林城市工作方案》。同年11月,中共徐州市委市政府市人大把创建国家生态园林城市列入"徐州市十二五规划"实施,市政府向省住建厅提出了创建国家生态园林城市的申请(徐政函〔2010〕50号)。2011年3月,市政府分管领导赴住建部城建司汇报了徐州市创建国家生态园林城市的计划和已开展的工作。同年6月,市政府印发了《徐州市创建国家生态园林城市实施方案》(徐政发〔2011〕85号),将各项创建指标分解到市各有关部门、各区及相关责任单位。同年11月,市委、市政府召开了创建国家生态园林城市动员大会,市政府与各责任单位签订了创建工作目标责任状。市政府成立了创建工作领导小组,加强创建工作的组织领导,并成立创建办公室,负责日常工作组织与协调。全市各级、各部门围绕园林绿化综合管理、绿地建设、建设管控、生态环境、节能减排、市政设施、人居环境和社会保障八大方面,根据创建目标对标找差。市委、市政府把创建指标项目化,作为市委、市政府为民办实事的关键内容,列入全市"三重一大"城建重点工程强力推进。2013年初,根据住建部最新发布的《生态园林城市申报与定级评审办法和分级考核标准》(建城〔2012〕170号),及时研究和调整创建工作方案,市委、市政府召开全市"城更靓"行动暨创建国家卫生城市、国家生态园林城市工作推进大会;并印发了《关于做好创建国家生态园林城市台账资料汇编和专项报告编写工作的通知》(徐政办发〔2013〕10号)等文件,按新的标准要求开展创建工作。2014年2月,为进一步明确各指标责任单位,制订印发新的《国家生态园林城市创建责任分解方案》(徐政办发〔2014〕12号)。市委、市政府再次召开全市创建国家卫生城市、国家生态园林城市工作推进大会,对创建工作进行再动员、再部署。进一步加大创建工作力度,推动创建国家生态园林城市活动深入开展。

6.2 措施与做法

6.2.1 加强组织领导,广泛宣传发动,有序推进创建工作

为确保创建各项工作和任务落到实处,市委、市政府强化了组织领导、加大了资金投入、完善了法规制度、全面进行了宣传发动。

1. 健全组织,落实责任

为加强城市园林绿化建设和管理工作,徐州市于1984年成立徐州市园林风景管理局,1995年成为一级局,并于2010年更名为徐州市市政园林局,纳入市政府组成部门,进一步完善了徐州市城市园林绿化行政管理体系。为加强创建工作,市委、市政府成立了创建国家生态园林城市工作领导小组,市委书记任第一组长,市长任组长,分管副市长任副组长,市委宣传部等23个部门、五区政府和经济开发区、新城区管委会主要领导为成员。市市政园林局具体牵头负责创建工作的组织、协

调、督促和指导工作。各区政府和市各部门也相应成立了以主要领导任组长的创建领导小组，具体负责本区和本部门创建工作。市政府与市各部门、各区政府（管委会）签订了责任书，将创建工作的目标任务及项目的实施等工作分解到责任单位，并进行年度考核。

2. 广泛发动，加强督促

提出创建国家生态园林城市目标后，市委、市政府于2011年11月，召开了创建国家生态园林城市动员大会，全面部署徐州市创建国家生态园林城市工作；此后，分别于2013年元月、2014年2月、2015年元月召开了全市创建国家生态园林城市工作推进大会，要求凡事关创建的工作，市主要领导亲自抓，分管市长具体抓，及时研究解决创建国家生态园林城市工作中的重大问题。徐州市对创建薄弱指标，实行项目化实施，作为为民办实事的关键内容，列入全市"三重一大"城建重点工程强力推进。此外，市创建办加强了市各部门和各区创建工作调度，市委、市政府督查室每年定期组织专项督查，确保创建工作时序进度和质量。

3. 加强宣传，全民共建

为推动国家生态园林城市创建工作，在徐州日报、都市晨报、彭城晚报、徐州电视台、徐州广播电台、中国淮海网、中国徐州网、彭城视窗等网络媒体加大了宣传力度，并在LED广告屏、户外广告、场站、公交站台等媒介，开展多形式、大规模、高密度、持久性的动态宣传和深度报道。据统计，2011年开展创建工作以来，至2013年底，在市各媒体开展的生态园林城市创建的宣传报道2200余篇次，充分发挥市媒体舆论导向和监督作用，宣传了生态园林绿化理念，营造了浓厚的创建氛围，增强了广大市民爱绿护绿意识；同时，结合实际，开展了绿地任建认养、义务植树等形式多样、丰富多彩的群众创建活动，调动全社会参与创建的积极性。市林业、水利、交通、城管、云龙湖风景名胜区管理处等各有关部门和单位，也在各自职责分工范围内，加强城市生态防护林、山林公园、道路绿地、滨水绿地和风景名胜区等的建设管理。城市园林绿化深入人心，形成了政府主导、全社会共同参与的创建局面。

4. 加大投入力度，保障创建顺利进行

通过2010年至2013年连续四年建设，至2013年底，徐州市建成区绿地面积增加了1061公顷，其中公园绿地面积增加了486公顷，城市面貌、生态环境和绿地均衡布局得到显著改善。此期间，徐州市仅老城区就组织实施了100多项城市园林绿化重点工程，建设总面积693公顷，园林绿化建设总投资（不含拆迁）达到50亿元。其中，2010年至2013年分别投资7亿元、10亿元、12亿元、22亿元，完成了彭祖园敞园、云龙山生态修复、三环南路、云龙湖珠山景区、植物园、104条林荫路提升和道路绿化普及、劳武港防灾公园、下淀路等园林绿化项目。2014年市委、市政府再次投资26.131亿元，实施了泉山森林公园敞园、三环东路道路绿化等46项生态园林建设项目，进一步补弱固强，巩固提升了创建成果。

5. 制定法律法规，依法建绿护绿

以务实、为民的理念，围绕城市绿线制度、建设项目审批制度、公示制度、公众监督制度等管理手段，强化绿线管理，保证规划实施,目前绿地系统规划实施率达到85.01%以上。依法修订颁布实施了《徐州市城市绿化条例》、《徐州市城市重点绿地保护条例》、《徐州市山林资源保护条例》、《云龙湖风景名胜区保护条例》，划定了绿线保护范围，为保护城市园林绿化资源和依法实施城市绿化提供了法律保障，并依法成立了园林绿化执法队伍，加大园林绿化执法力度，有效地保护了城市园林

绿化资源。

6．立足自然资源，力行科学规划

高点定位，城乡统筹，以"宜居"作为规划的最高目标，远期、整体控制性规划与近期、局部详细规划相结合，坚持从全局着眼，超前谋划，以城为主，城乡统筹。依据《徐州市城市总体规划(2007～2020)》，制订了《徐州市城市绿地系统规划（2007～2020）》、《徐州市重要生态功能区保护规划（2011～2020）》、《徐州市生物多样性保护规划（2011～2020）》、《徐州市区域植物及引种育种规划》、《历史文化名城保护规划》、《徐州市生活垃圾分类收运专项规划》、《城市慢性交通系统规划》等专项规划，为建设宜居的生态园林城市打下了坚实的基础。

7．完善体制机制，构建管护体系

制定、印发实施了《园林绿化养护管理规范》、《徐州市绿化工程植物栽植技术规程》、《徐州市市区公共绿地养护管理办法（试行）》等20余项规范规程、规章制度和规范性文件，不断深化了城市园林绿化制度建设，构建了完善的城市园林绿化管护体系。不断深化城市绿地管护市场化改革，建立了市场化招标管理机制和"日巡查、月考核、半年小结、年终总评"等监管制度，目前，市区约1500公顷公园绿地实行了市场化招标养护，年度养护经费约6000万元，城市绿化养护始终保持较好效果，受到各地、社会各界广泛好评。

6.2.2 实施生态修复，再造"青山绿水"，建设精品园林

1．实施生态修复，再造徐州青山绿水

徐州依山带水，岗岭四合，山包城，城环山，比有山的城市多水，比有水的城市多山，4大水系5大山系从主城区延伸到远郊乡村，山水资源丰富，构建了极富特色的山水城市骨架。为此，徐州市围绕"山"和"水"，对云龙山、西珠山等围山建筑实施整体拆迁，"退建显山"，对云龙湖小南湖等实施"退渔还湖"，实现了"显山露水"；对九龙湖、劳武港等昔日煤港黑风口，实施"去港还湖"工程，进行园林景观改造，建成公园宜居地；对九里湖、潘安湖等6432公顷采煤塌陷地实施生态修复，建成湿地公园，生态恢复率82.44%，成功走出了一条煤矿塌陷地治理的有效路径，九里湖湿地公园获得了2010年江苏省"人居环境范例奖"；对东珠山、九里山等42处露采矿山宕口废弃地实施"宕口治理"，生态恢复率达到90%以上，其中"东珠山宕口遗址公园"被国土资源部誉为国内城市废弃矿山治理的典范；实施了"荒山绿化"和"二次进军荒山"行动计划，实现了全市荒山绿化全覆盖，在全国开创了石灰岩山地造林的成功范例。通过对徐州的"山水"资源持续进行生态治理和修复，做足了"山水"文章。

经过长期持续努力，全面恢复了被破坏的自然生态环境，云龙山—泉山、珠山—大横山、拖龙山、子房山—大山、九里山—琵琶山等山系如青龙卧波；丁万河、荆马河、徐运新河、故黄河、玉带河、楚河、奎河、房亭河似水袖长舞；云龙湖、大龙湖、九里湖、玉潭湖、金龙湖、潘安湖、吕梁湖等湖泊宛若明珠落地，"一城青山半城湖"山水园林城市形态得到彰显。

2．突破薄弱区域，构建均衡化公园绿地系统，打造市区生态斑块

由于历史原因，徐州的园林绿化曾存在"南多北少、四周多中心区少、普通绿化多、精品绿地少"等问题。为此，我们坚持以民为本，突破利益樊篱，按照市民出行500m（步行10min）就有一块5000m²以上的公园绿地的目标，结合棚户区、城中村改造，进行城市空间梳理，重点布局和建设

老城区绿化薄弱地区。具体建设项目采取遥感定位，实地调研，深入论证，反复斟酌，有序推进，大幅增加老城区公园数量，不断提升公园品质。对于云龙湖景区内背山观湖最好的地块，也不再开发，把环境最优美的地块和景观留给市民共享，使老城区公园绿地面积大幅增加，景观质量明显提升，城市绿地分布更趋平衡，人居环境大幅改善。目前，市区5000m^2以上的公园已达到177个，5000m^2以上公园绿地500m服务半径覆盖率达到90.8%，真正实现了生态文明成果人人共享的目标，受到《人民日报》等众多媒体的关注和支持，扩大了徐州的知名度和影响力。

3．拓展"二沿"空间，构建绿色通道系统，串联城市生态廊道

做好"沿水、沿路"文章，实现绿廊网络化和人本化，大力营造滨河景观带。河流是城市重要的生态廊道和文化载体，是营造城市绿色景观的重要区域，也是广大市民亲近自然的最佳场所。我们将流经市区的河道作为最重要的自然生态景观资源，先后组织实施了故黄河、丁万河、荆马河、徐运新河、玉带河、楚河、奎河、三八河等河道的综合治理，严格保护了原有水域、地貌，水体岸线自然化率达到84.48%，埋设截污管道，有效改善了河流水质；同时，全面实施沿岸生态景观建设，因地制宜设置节点游园、广场，形成了纵横交错的绿色滨河风光带，为市民临水赏景、休闲、健身提供大小错落的多处空间，河道绿化普及率81.76%。大力实施绿色通道工程，打造林荫绿廊。沿迎宾大道、城东大道、徐丰路、珠江路、三环路等城市出入通道，建设大规模带状公园，提升道路绿廊。近三年，主攻城市中心区的林荫路建设，对路宽12m以上的城市主、次干道和支路全面实施行道树完善工程，目前林荫路推广率达到92.32%；对位于城市外围的高速公路、国道、省道和铁路，建设两侧各10～50m的防护林带，增强对城市的防护功能。

4．秉承精品理念，构建项目建设规范体系，打造徐州精品园林

一是坚持规划先行，公众参与，公开招标，集体决策，全程监控的建设管理机制。一是加强规划设计。对重点建设项目，在招标征集设计方案并论证比选的基础上，向社会公开展示，征求广大市民意见，最终形成符合徐州实际、具有地方特色的规划方案。二是强化进度监控。细化、分解工程内容，充分抓住春季绿化的最佳时机，科学、合理地安排施工工序，全程监控工程进度，避免了"短板效应"，确保按期、按序时进度完工。三是强化现场技术管理。发挥专业技术优势，强化现场包挂小组的技术指导、技术服务和技术把关作用，加大过程督查和质量监控力度，实现园林绿化的生态性、怡人性、艺术性和历史文化特色个性的完美结合，确保建成精品工程。

二是坚持精品园林理念，精品园林异彩纷呈。工程建设过程中，以精心、精细求得精致、精品，确保花钱少、效果好。近4年，徐州市先后有云龙公园等20多个项目获得了住建部和江苏省"人居环境范例奖"、"中国风景园林学会园林绿化工程金奖"、"江苏省高品质城市空间"、"江苏省优秀园林绿化工程奖"；"双拥"雕塑获得"全国城市雕塑优秀奖"。

三是加强单位、居住区附属绿地管理。按照"绿色图章管理"制度要求，重点抓好绿化规划设计方案的审查和竣工验收，有效保证了绿化指标和效果；在城市管理中，把单位、居住区绿化管理纳入市政府对各区绿化管理考核，有效保护绿化成果。大力开展了江苏省和徐州市园林式单位（居住区）评选活动，共获得江苏省园林式单位（居住区）99个，徐州市园林式单位（居住区）228个。

5．坚持节约理念，合理利用自然资源，推广节约园林建设

按照节约型园林建设的要求，大力推广节约型园林建设，节约型绿地建设率81%，充分利用了有限的自然资源，实现绿地生态效益的最大化。

一是充分整合利用现有土地资源。徐州市利用采煤塌陷地建设了湿地公园，实施采石宕口生态修复，实现了废弃地资源利用效益最大化。同时，按照节约和集约利用土地的原则，有效整合城市土地资源。2013年，市委、市政府确定老城区10亩以下的拆迁地块不再出让开发，全部用于街头绿地建设，当年共梳理出可供绿化地块21个，并完成了下淀路等15块公园绿地建设，新增面积10.21hm^2，尽最大可能满足了城市绿化建设用地的需求。

二是积极应用乡土植物，大力增加单位绿地生物量。根据徐州地处南暖温带与北亚热带交汇区的环境条件，在园林植物选用上，大力推广乡土树种，适当引进南方常绿树种；合理控制大面积草坪、模纹，多用适应本地环境的宿根、球根花卉和自衍花境以及形态自然、管理简单的藤本植物等，极大地丰富了城市景观。通过科学的植物配置，增加了绿地乔、灌木和地被种植量，建成区绿化覆盖面积中乔、灌木所占比率达到90.5%，本地木本植物指数达到0.964；市政府大力推广了立体绿化工作，取得较明显成效，城市绿量显著增加，绿满全城。

三是实施自然生态建设。在建设中要尽可能保持原有的地形地貌特征，减少客土使用；通过合理配置绿化植物、改良土壤等措施，实现植物正常生长与土壤功效的提高。建设林荫停车场和树阵广场，减少硬质铺装的比例，植树造荫，林荫停车场推广率62.86%；铺装地面尽量采用透气透水的环保型材料，提高环境效益；利用城市湿地进行污水净化；通过堆肥、发展有机营养基质等方式处理修剪的树枝，减少占用垃圾填埋库容，实现循环利用。

6. 发展名城特色，建设历史文化街区，传承城市文脉

依据《徐州市城市总体规划(2007~2020)》划定了"传统历史城区地下文物埋藏区和户部山历史街区与云龙山历史街区"。建立"回龙窝历史文化街区管理处"，加强对皇城大厦地下城遗址、时代广场护河石堤遗址、汉代采石场遗址的保护；恢复了一批反映明清时期历史风貌和建筑特色的古民居、古街巷，如翟家大院、余家大院、崔焘故居、李蟠状元府等古院落，以及民主路现代工业文化街区等一批历史文化景区，使古代文明与现代化交相辉映，既体现了城市文化底蕴，又洋溢着现代文明色彩，有力地提高了国家历史文化名城的知名度和美誉度。为打破"千园一面"的瓶颈，建出自己的特色，我们注重城市建设、园林绿化与文物保护的有机融合，充分挖掘历史文化内涵，并加以提炼、外延，以植物、雕塑、景墙、小品等多种形式，叙述历史，启迪后人，增加城市文化内涵，彰显地方文化特色。

7. 坚持生物多样，构建生物多样性保护体系，促进人与自然和谐

长期以来，徐州市一直高度重视生物多样性保护工作，立足保护地建设，强化生物多样性保育。2012年市域范围内植物、鸟类、鱼类资源普查成果显示，城市植物物种指数0.6085，鸟类物种指数0.676；鱼类物种指数0.569；综合物种指数0.6178，与1990年代末期比较，市域范围内的植物、鸟类、鱼类的总种数总体保持稳定，未受到大规模城市建设的冲击，生物多样性保护取得显著效果。

（1）加强物种普查。自20世纪80年代组织开展了全市鸟类、鱼类、植物资源调查以来，生物物种资源调查、自然保护区建设等生物多样性保护成为政府一项常态化工作。近年组织开展了徐州市生物多样性调查，查清了全市野生植物、园林植物、鸟类、鱼类资源现状，制订了保护规划。其中，《徐州市植物多样性调查和多样性保护规划》成果由江苏科技出版社公开出版发行。

（2）加强市域保护区建设。在全市建成了泉山、大洞山、圣人窝、艾山、骆马湖、黄墩湖等6个

省级自然保护区，面积463km²；故黄河湿地、大沙河湿地、潘安湖湿地等3处生态保育为主导功能的市级湿地保护区，面积171.7km²；徐州市环城国家森林公园、邳州银杏森林公园2个国家级森林公园以及云龙湖、马陵山、艾山等3个省级风景名胜区和岠山等市级风景名胜区，保护面积305.7km²，充分发挥了市域生物多样性保护区保育生物多样性的突出作用。

（3）建立市区生物多样性保育机构和基地。市区以生物多样性保护为中心，建立了泉山自然保护区；建设了徐州市植物园和花卉苗木产业园，加快建设市级乡土树种繁育和外来树种培育推广中心；针对云龙山等原有山林林相单一、林木长势衰弱等问题，成功实施了林相改造，补植适宜鸟类等动物栖息和采食的树种，增植具备自然下种能力的树木，丰富侧柏山林的生物多样性，提升森林景观效果，使得生态系统更加稳定、完善。

此外，徐州市还建立了徐州市野生动植物湿地保护管理站、徐州动物园、徐州野生动物救护中心等物种引进、驯化、应用、保育保护机构和基地，有效地维护了本地区生物物种资源。

6.2.3 加强市政基础设施建设，完善城市服务功能，提升人居环境质量

为建设生态园林城市，大力实施了"天更蓝、地更绿、水更清、城更靓、路更畅"五大行动计划，加大了城市基础设施建设力度，城市面貌、功能、环境质量得到显著改善和提高。

1. 强化大气污染源治理，城市空气环境质量保持良好

根据环境保护部《关于加强环境空气质量监测能力建设的意见》（环发［2012］33号），徐州市市区7个国控空气监测站点、2个省级质控自动监测站点和各县（市）空气监测站点，加大了对SO_2、NO_2、PM_{10}、$PM_{2.5}$、CO、臭氧6项指标监测力度，已经初步实现了空气质量监测的全覆盖，有效保障了全市空气质量的监测和预警。对85家水泥企业实施关闭或搬迁，对75家水泥企业安装了大布袋除尘设施；全面淘汰小型燃煤锅炉，实施集中供热和连片供暖工程；对电厂及热电公司锅炉实施技术改造，全市大型火电机组脱硫率超过95%。在全市积极推广使用清洁能源，形成了覆盖主城区较为完善的管道供气管网。在全市范围内禁止了露天焚烧垃圾及树叶、秸秆、枯草等，扩大秸秆禁烧区面积，提高禁烧区秸秆综合利用率；按照"八项制度"要求，在建成区内严格控制建筑工地扬尘。

2. 完善城市排水系统，提高绿地雨水集用效率

充分利用徐州自然山水条件优势，精心营建"城市海绵体"，挖掘、拓展市区湖泊、河道及其他大小水体；在园林建设中广泛运用透水砖、草坪砖等透水透气材料铺装，建设了云龙公园、彭祖园、百果园等集雨型绿地和集雨型花坛、绿带等。2013年底，市区建成区10130公顷绿地与2931公顷河湖水系等，充分发挥了对雨水的吸纳、蓄渗和缓释作用，年径流总量控制率大于80%（据统计，近54年来，年均降雨量823mm），有效控制城市内涝、削减城市径流污染负荷、节约了水资源、保护和改善城市生态环境，为建设具有自然积存、自然渗透、自然净化功能的海绵城市提供重要保障。

3. 完善治污设施，提升水环境质量

全市40项水污染物减排项目，削减化学需氧量7295.21t、氨氮772.46t；彻底关停了66家煤炭、建材小码头企业，淘汰了近200家涉水"五小"企业；对徐洪河流域270余家塑料加工厂全面取缔；将重点河流沿岸500m范围划定为严禁畜禽、鱼类等禁养区，同时，投资近2亿元，完成了52家规模化畜禽养殖废水治理。2012年底，单位GDP工业固体废物排放量为0排放，城市再生水利用率达到

30.24%，城市污水处理率达到91.84%，水环境质量达标率100%。

4．完善环卫设施，拓展垃圾资源化利用

2010年以来，徐州市区投资3亿多元，建成了城市污水处理厂、生活垃圾处理厂、粪便无害化处理厂，新建公厕108座，新建（购）移动式环保公厕2座，城市生活垃圾无害化处理填埋场全部达到Ⅱ级标准、焚烧厂全部达到A级标准，城市污水处理厂污泥全部实现减量化无害化处置，经无害化处理后的污泥消纳率达到26%。制订了《徐州市生活垃圾分类收集试点工作实施方案》、《徐州市生活垃圾分类收运专项规划》，并在新城区全面推行生活垃圾分类，城市生活垃圾收运网络日趋完善，城市生活垃圾无害化处理率100%；生活垃圾焚烧发电厂年焚烧垃圾51.74万t，年发电量10521kWh，城市生活垃圾资源化利用达到87.4%。2013年，共产生建筑垃圾约1956万m³，其中约1600万m³通过对周边采煤塌陷地、采石宕口回填和绿化工程进行平衡消纳，140m³通过渣土网上调剂平台进行供需调配，回收利用率达到了88.96%。垃圾的资源化利用，形成以高效能、低能耗、低污染、低排放的经济发展模式和生活方式，有效推动垃圾资源化产业快速发展。

5．完善交通设施，提升城市交通能力

近几年，全市新建道路57条，48.16km；改造、整修道路44条，110.24km。合理设置隔离护栏，使道路通行更加安全、文明、有序，全市城市整体交通水平显著提升。依托数字化城市管理信息平台和"12345"政府热线、"12319"市政热线等，加强道路养护管理，使全市道路完好率稳定在98.21%的较高水平。至2013年底，市本级公共交通覆盖率67%。为市民解决公交出行"最后一公里"、"最后一段路"问题，积极构筑"步行+公交"、"自行车+公交"的绿色出行模式，绿色出行分担率89.88%，至2013年底，全市新建489个公共自行车站点，投放公共自行车16400辆，总借车量达3311万人次，公共自行车运行以来减少二氧化碳排放2.28万t，低碳环保效应显著。

6．推进数字化管理，加强基础设施监管

2009～2010年，徐州市把数字化城管信息平台建设列入市城建重点工程和为民办实事重点项目实施，并于2011年8月正式试运行。基于GIS技术的《徐州市数字化城市管理系统》，覆盖535km²，为城市建成区面积的211.46%。根据《监督指挥手册》对市容市貌、环境卫生、违法搭建、公共设施、园林绿化、交通秩序等13大类171小类城市管理问题进行采集上报。同时，通过《数字城管网》，方便公众参与和社会监督。2013年，数字城管系统共上报291813件，按时立案率98.24%，按时结案率95.26%。为掌握市区绿地资源分布情况，便于动态管理城市绿地，于2010～2011年建立了《徐州市城市绿地地理信息系统》，并每年进行更新。

7．改善居住条件，提高市民幸福指数

（1）加快棚户区（城中村）改造。2008年以来，徐州市抓住省委、省政府振兴徐州老工业基地的重大机遇，认真贯彻落实并全力以赴完成国家和省里下达的棚户区（城中村）改造任务。2011年和2012年市主城区分别完成91万、151万m²的棚户区（城中村）改造任务，2013年至今，徐州市主城区范围内完成棚户区改造征迁面积431万m²，基本完成建成区内棚户区改造；2011～2013年3年中，市区实际新开工保障性住房分别为5630套、4749套、3006套，保障住房建设计划完成率分别为100%、102.79%、103.66%，住房保障率85.04%。

（2）积极推广节能、绿色建筑技术。截至2013年底，徐州市既有民用建筑总面积约8200万m²，其中符合50%以上建筑节能设计标准的建筑总面积4377.97万m²，建成区节能建筑比例为53.4%。

2013年10月1日起，在全市范围内新建保障性住房（公租房、廉租房、经济适用房、棚户区改造安置房、限价商品房）、各类政府投资项目、甲类公共建筑、省级以上建筑节能示范区中的新建项目，全面按照一星级及以上绿色建筑标准进行设计建造。

（3）建立完善的社会保障体系。加强社会保险基金征缴，社会保险基金征缴率97%；2013年城市最低生活保障实现应保尽保，正常发放，标准510元/月，月人均补助水平为277元，高于全省同类城市平均水平，始终处于苏北领先地位。

6.3 创建成效

6.3.1 江苏省住房和城乡建设厅核验结论

2014年10月13~15日，江苏省住房和城乡建设厅刘大威副厅长带领专家组一行8人对徐州市申报国家生态园林城市进行等级评价。专家组通过查阅台账资料、实地察看、听取汇报的方式，对我市创建国家生态园林城市工作成果进行全面考察。

园林绿化组考察了泉山森林公园、小南湖、云龙湖珠山景区、滨湖公园、王陵路、云龙公园、二职高、彭祖园、奎山公园、淮塔、矿大文昌校区、楚河公园、无名山公园、大龙湖、金龙湖、珠山宕口公园、美的小区、汉文化景区，对防护绿地建设、综合性公园建设管控、居住区绿地、道路绿化等情况进行了检查考察。

市政设施组考察了徐州国祯水务运营有限公司、新城区污水处理厂、荆马河污水处理厂、协鑫垃圾焚烧厂、三八河污水处理厂等地，实地考察了我市城市污水、生活垃圾处理、城市道路及路灯设施运行情况。

经过现场核查，江苏省住房和城乡建设厅认为[①]，徐州市在2005年获得国家园林城市称号之后，坚持不懈地推进城市园林绿化的健康发展，认真执行城市绿地系统规划，运用生态学原理研究城市绿地系统的合理构成，研究城市园林绿化与城市空间的关系，通过风景名胜区管理和绿线划定保护山水林地资源；通过林相改造优化植物结构，延伸绿地功能，丰富绿地形态，提高绿地生物量，提升环境空间品质；通过织补的手段拾遗补阙、均衡绿地、构连斑块，系统地将废弃矿迹地进行生态修复转化为城市绿地，获得显著的综合效益。在城市建设实践中逐步完善绿地系统、优化基础设施、提升服务功能、实现规划目标，人居环境和城市风貌发生了翻天覆地的变化，并形成"自然山水大气恢宏，园林绿化精致婉约；兼南秀北雄，显楚韵汉风"的城市园林绿化特色。根据国家生态园林城市评选办法及标准的相关规定和要求，认为徐州市目前具备了申报国家生态园林城市的条件和资格，向建设部推荐徐州市申报国家生态园林城市。

6.3.2 住房和城乡建设部综合考评结论

住房和城乡建设部对徐州市申报国家生态园林城市的申请和江苏省住建厅的推荐报告，于2015年5月份指定遥感测试评价，2015年6月份组织第三方问卷调查，2015年10月15~17日，由住房和城

---

① 江苏省住房和城乡建设厅关于对徐州市申报"国家生态园林城市"的意见（苏建园［2014］638号）

图6-1 住建部命名

乡建设部稽查办王早生主任带领专家组对徐州市申报国家生态园林城市进行现场考查。现场考查分园林、生态和市政3个组进行。

专家组根据遥感测试要求，实地抽查了云龙山山景公园、泉山森林公园、铜山区政府前公园绿地、宝莲寺公园绿地、拖龙山公园、泰山山景公园、宋锦路带状公园、沃时尚街区公园绿地、淮塔公园（凤凰山公园绿地）等绿地的属性、绿量、建设标准，以及苹果新天地居住区、花园小区、中山北路祥和路至奔腾大道段、嘉美路道路绿化、故黄河故道汽配城段的绿化情况。考查了云龙湖、彭祖园、云龙公园、奎山公园、大龙湖公园、无名山公园、楚河公园、金龙湖及宕口公园、潘安湖湿地公园、植物园、黄河西路、广场一路、王陵路、中山南路、湖东路、顺堤河、中国矿业大学矿大南湖校区、人才家园等的园林绿化情况，以及奎河污水处理厂、徐州市规划馆、三八河污水处理厂、协鑫垃圾焚烧厂、荆马河污水处理厂建设和运行情况，检查了台账资料，听取了徐州市政府的汇报，对徐州市创建国家生态园林城市工作成果进行了全面考查。

2015年12月，住房和城乡建设部组织专家对申报城市进行综合评审。

经过遥感测试、第三方问卷调查、现场考查和综合评审，2016年1月29日，住房和城乡建设部正式发文，徐州市以全国综合排名第一的成绩，被命名为全国首批"国家生态园林城市"（图6-1）。

参考文献

[1] 唐虹，秦飞.城市人、环境、文化的最优协调发展模式[J].环境科学与管理，2012,37（2）：131-134

7 园林名胜

7.1 云龙山、云龙湖

  云龙山位于徐州市区中南部，山分九节，东北西南走向，长达3km，最高峰海拔140.7m，蜿蜒起伏、状似苍龙，山上文化古迹众多，有北魏开凿的大石佛，唐宋摩崖石刻，宋代放鹤亭、张山人旧居，明代建兴化禅寺，清代拓建的大士岩、山西会馆、船厅、御碑亭、碑廊等历史文物和古迹。然而，由于历代兵燹，到徐州解放时，古建筑大多残破不堪或彻底损毁，除北端一节山有约200亩山林外，其他各节都是荒山秃岭。1952年10月29日毛泽东主席登临云龙山，发出了"发动群众，依靠群众，穷山可以变富山，恶水可以变好水。要发动群众上山栽树，一定要改变徐州荒山面貌[1]。"的号召。云龙山自此不断焕发出新面貌，至1959年，全山得到绿化。同时，还修复了驰名的文物古迹放鹤亭，整修了兴化寺、大士岩等房屋40余间和亭、榭16座，以及旱桥、盘山路，新建了山顶石栏和碑廊，添设石凳等，完善了游览设施。1993年于第三峰西北山脚建成汉画像石馆。1995年于第三峰峰顶建成观景台。1996年建成横越山体两侧的索、滑道。1998年于第七峰西北侧山下建成果树盆景园。2000年新建西侧大门和石壁流淙。2001年建成鹤归亭。2003年于观景台南建成同心台。2004年起"退建还山"，整体搬迁了黄茅冈、金山、云东3个村庄及一大批企事业单位，进行生态恢复和植物景观建设的同时，在原址复建了云龙书院，并建成了刘备泉、三让亭、杏花春馆、吴季子挂剑台、东坡运动广场等一大批新的人文景点。

  云龙湖东接云龙山，原为一片承接上游山洪的沼泽地。历史上，每当雨季山洪暴发，总会危及徐州城①。徐州解放以来，市政府高度重视云龙湖的综合治理。1958~1959年进行浚深治理，并新筑了东起云龙山西麓，西至西凤山（原小长山和韩山），总长4050m的"八一大堤"。将东、南、西山区之雨水汇入，形成了三面临山、一面接城的大型城市湖泊。1962年秋，时任江苏省委书记江渭清题写"云龙湖"。1962年建设了湖中路，1977年加宽"八一大堤"，1978年开凿了横穿云龙山的溢洪

---

① 为防雨洪，《宋史·苏轼本传》和《铜山县志》载，北宋熙宁十年（公元1077年）秋，苏轼组织徐州军民修筑了一条"首起戏马台，尾属于城"的防洪长堤，即今之苏堤路。

隧道。进入80年代以后，开始致力景区开发。1981年利用溢洪隧道建成"别有洞天"，1990年建成金山公园，1994年与杭州西湖结为"姊妹湖"，建成淡水鱼馆"水上世界"。1998~1999年对西湖清淤、实施大坝拓宽除险加固。1999~2000年改造"八一"大堤建成"滨湖公园"。2007年将原云龙湖水产养殖场"退渔还湖"，建成"小南湖景区"。2009年滨湖公园东园景观改造，2010年滨湖公园西园改造，并实施沟湾、大山头、屯里等沿湖村庄和企事业单位的整体搬迁，建设"珠山景区"。

云龙山、云龙湖周边的荒山绿化、生态修复及园林建设，奠定了云龙湖风景名胜区的基本景观格局。

7.1.1 总体格局

云龙山湖为云龙湖风景名胜区的核心区，包括云龙湖及其周边云龙山、珠山、西凤山（原小长山和韩山）等地域，属低山丘陵地区，山势连绵交叠，峰岭逶迤，自然地貌呈"三面青山一面湖"格局，山奥林幽、湖阔水灵，景秀文厚，相映相衬，相杂相和，相辅相成，相生相发，天成的山水地貌，加上科学的生态和景观修复，形成"众星拱月、五区连珠"的景观格局（图7-1~图7-3）。

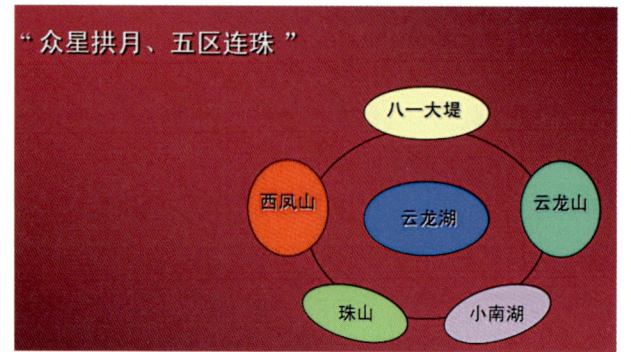

图7-1 云龙山湖景观格局

图7-2 云龙山湖功能分区

图7-3 云龙山湖主要景区景点

1. 山幽林茂、湖阔水灵

自60多年前毛泽东主席在云龙山上发出了"绿化荒山"的号召以来,今之云龙山不仅得到绿化,而且森林植被季相、色相变化丰富多彩,形成了复杂而多样的生态系统,重现了"万木锁云龙[①]",横云断岭,云雾缭绕,"风雨晦明之间,俯仰百变[②]"的万千气象。云龙湖千顷碧波,荷风渔歌、桃霞烟柳、杏花春雨、寒波飞鸿、长堤雪月、湖光灯影、别有洞天。山湖相映,景景相望。云龙山山坳林幽,云龙湖湖阔水灵,生动再现了郭熙《林泉高致》[2]"高远之势突兀,深远之意重叠,平远之意缥缥缈缈。"如画胜境。

2. 安亭得景,楼台入画

得先民之馈予,今人之勤勉,今日云龙湖风景名胜区历史遗迹得到全面保护和恢复,建筑风格多样。规模浩大、殿耸三砖三丈佛的兴化禅寺,歇山飞檐、古朴淡雅的放鹤亭,耸立山巅、气势雄伟的观景台,缘岩构宇、古朴庄重的汉画像石馆,隐于杏林、清代民居风格的杏花村馆,还有"盆艺硕果,堪称一绝[③]"的果树盆景园,更有遍布山道两侧、异彩纷呈的景亭,……,加之"自然天成之趣,不烦人事之工"的自然山水之美,苍松翠柏,蓊郁蔽日,殿宇亭台,相互掩映,真可谓"安亭得景,楼台入画",相得益彰。

7.1.2 云龙山景区

1. 植物与自然景观重构

(1) 林相改造

林相改造主要针对侧柏林密度偏大,郁闭度偏高,林内无光照,林分中枯立木、病弱树比例高,林下灌木层、草本层基本不存在,生境单一等导致的森林病虫害日益猖獗,美景度低等问题,采取抚育新间伐、林窗开设和人工增植种源树促进侧柏纯林演替的措施,改善侧柏山林内的光、水、肥等生境条件,为先锋物种的入侵创造条件,增加林下物种数量。增植种源树种后,改善了林分结构,形成了温性常绿针叶林(侧柏林)、典型落叶阔叶林、针阔混交林和园林模纹植被4大类植被景观。古朴肃穆的侧柏与季相丰富的落叶乔木互相映衬,形成多样化的视觉冲击,美景度明显高于改造前(图7-4)。

(2) "杏花村"植被与景观重建

云龙山西坡历史上曾是杏林十里,春满红云的好去处。宋徐州知州苏轼有诗云:"一色杏花三十里,新郎君去马如飞。"[④]清代诗人阎焜贞亦有诗道:"百仞冈头碧可攀,凭栏放眼到尘寰。二分红杏三分柳,万里黄河九里山。"[⑤]

为恢复云龙山西坡植被景观,2004年组织实施"退建还山",对黄茅冈村实施整体搬迁,在此基

[①] 苏轼《访张山人得山中字二首》(一)万木锁云龙,天留与戴公。路迷山向背,人在瀼西东。荞麦余春雪,樱桃落晚风。入城都不记,归路醉眠中。(二)鱼龙随水落,猿鹤喜君还。旧隐丘墟外,新堂紫翠间野麋驯杖履,幽桂出榛菅。洒扫门前路,山公亦爱山。

[②] 宋苏轼《放鹤亭记》。

[③] 第六、七届全国人民代表大会常务委员会副委员长所题。

[④] 宋苏轼《送蜀人张师厚赴殿试》

[⑤] 清阎焜贞《春日登云龙山憩放鹤亭》

图7-4 云龙山侧柏林林相改造前后景观效果对比

图7-5 云龙山杏花村

础上，将北起云龙山隧道西口，南达苏公塔的区域作为杏林景区，用三年时间恢复了云龙山西坡杏花成林的佳景。

云龙山杏花村杏花品种繁多，开花鲜艳且柔媚，有单瓣如掌者，有复瓣成球者，有成簇成串者，有枝头独立者。每当阳春三月，万株杏花悄然开放，远望似霞，近观如画，满坡杏林与湖岸桃柳相映，构成一幅报春图。柳丝挂燕，杏花扬雪，上连青山，下映碧湖，逼真重现了"一色杏花三十里"，"二分红杏三分柳"的诗境（图7-5）。

（3）敞园改造植被重建

历史上云龙山西坡冈石嶙峋，茅草丛生，人们称之为"黄茅冈"。不想，这长满茅草的石冈竟因北宋文豪苏轼一场大醉①，变成胜迹——黄茅冈与东坡石床。新中国成立后，云龙山西坡为大量企事业单

---

① 北宋神宗元丰元年（1078），苏轼与好友张天骥、王巩、颜复由黄茅冈登云龙山。苏轼因酒醉而双眼模糊，觉得满冈乱石好似一群群绵羊，走到冈头，支持不住，仰卧在一块大石头上。路人见知州醉倒，拍手大笑。苏轼半醉中听到笑声，高声唱出了"醉中走上黄茅冈，满冈乱石如群羊。冈头醉倒石作床，仰看白云天茫茫。歌声落谷秋风长，路人举首东南望，拍手大笑使君狂。"七句诗，在苏轼诗集中题为《登云龙山》。

位所占。为提升云龙山景观质量，改善云龙山的生态环境，挖掘和弘扬历史文化内涵，2011年实施云龙山敞园改造工程。景区整体布局结合原有侧柏树林及特有地貌，突出石、山、树的有机结合，使三者融为一体，凸显出来。以原有侧柏树林为基础，增加色叶树种乌桕、红枫、栾树、美国红栌等，使整个云龙山都变得色彩斑斓，风景更加秀美。将群羊坡重新扒出来，并设计了面积达2500m^2的黄茅冈水系，打造出瀑布区，让潺潺流水从群羊坡蜿蜒流下，满坡乱石顿生灵气，既展示东坡文化，又展现徐州人民在石头山上种出森林的创举（图7-6、图7-7）。

图7-6　云龙山敞园改造后的黄茅岗

2. 主要人文景观

云龙山文化遗存丰厚，人文景点众多。"放鹤春晓"曾为历史上徐州八景之一。原为宋神宗元丰年彭城隐士张天骥所建一茅亭，用以养鹤。因苏轼《放鹤亭记》而闻名于世。屡坍屡修，世代存留。现亭为民国重建的清式建筑（解放至今历经多次修缮）。放鹤亭南侧有井一口，因邻近放鹤亭，明朝时徐州户部分司张璇将其改名曰"饮鹤泉"，并题"饮鹤泉"三字立碑于井之南侧[3]。井南新建一招鹤亭。一节山东坡兴化寺历经数代，古迹众多，特别是大石佛殿中的大石佛，不仅历史悠久（始刻

图7-7　云龙山敞园改造后的植被

于北魏),而且雕刻方法奇特,就悬崖造像,高达11.52m。大雄宝殿内摩崖石刻、佛龛、题记和佛像的刻雕时间跨度长达二百五十多年①。造像为深浮雕,线条流畅,人物造型生动而富有个性。西坡大士岩又名观音寺,内建正殿(东)、南殿、北殿和西殿,每殿都有观音菩萨像,院内两株古柏树龄均在300年以上,西殿门外有"五十三"参②台阶。位于放鹤亭东的碑廊,墙上嵌有明清石碑等大小碑碣42块,有行、草、隶、篆等字体。东坡石床据传乃苏东坡当年醉卧之石。云龙书院的历史则可追溯到康熙六十年(公元1721年),今保留的古迹有白鹿洞、黄茅冈摩崖石刻等。

云龙山新建人文景观中,观景台坐落在云龙山九节山冈的最高峰上,主峰作基,柱上筑台,台上建亭,台阔亭高,亭台浑然一体,气势磅礴。夜晚华灯四射,流光溢彩,若琼宇玉楼高挂天空,璀璨夺目,可谓一台独高,堪称徐州之最。汉画像石馆馆藏汉画像石1000多块(展出400多块),画像题材广泛,内容丰富,石刻技术古朴,造型生动,与南京的六朝石刻、苏州的明清园林并称为"江苏三宝"。"东坡运动广场"冠军大道布设徐州籍二十余名体育世界冠军"足迹"浮雕和奥运优势项目雕塑,展示了新时代徐州人的"奥运精神"(图7-8)。

7.1.3 云龙湖湖区

云龙湖湖区景观建设始于20世纪80年代,先后建设了石壁留踪、荷蒲薰风、芦荡飞白、长堤雪月等景观。1990年建成金山公园,1994年建成水上世界,1998~1999年建成生态岛,2007年建成小南湖景区。现水域面积达到7.5km²,湖水碧波荡漾,山水相连,风光无限,"一湖碧水青山连,朝晖暮阴景万千。渔舟唱晚燕归来,良辰美景在人间"。

图7-8 云龙山人文景点

---

① 据题记,开凿最早为唐宪宗元和八年(813),最晚为宋治平四年(1068),前后历255年。
② 依崖势凿砌而成的五十三级台阶,取意佛教《华严经·入法界品》善财童子拜佛的故事。

1. 杏花坞广场

杏花坞广场位于湖东岸中部,面积1.1万m²,其中铺装0.5万m²,绿地0.6万m²。广场建设中保留了原有大树,形成浓荫效果,采用自然布局,与自然山水环境融为一体,湖边设置亲水平台,便于亲水游览和游泳活动(图7-9)。

2. 金山公园(苏公塔)

位于云龙湖东岸南端,建于云龙山尾部西麓的石灰岩山丘之上。以一座仿宋式琉璃宝塔苏公塔为主体建筑。塔内展出"苏轼行迹图"41幅。塔下有一竖井式汉墓,可供游人参观。塔周小径蜿蜒,湖岸曲折,水榭、曲桥、码头、方亭、虹桥错落有致,前后交相辉映(图7-10)。

3. 水上世界

位于湖心岛上,主体景观——水上世界水族馆造型奇特,像长鲸击水,又似白豚卧波,洋溢着现代建筑雕塑的艺术气息。水上世界建筑造型成为北京人民大会堂中央厅二楼"锦绣中华"紫砂浮雕,为全国仅收录的五个现代建筑造型之一(图7-11)。

图7-9　杏花坞广场

图7-10　金山公园与苏公塔

图7-11　水上世界

4. 小南湖

小南湖，景区以江南式园林、纯天然荷塘为主体景观，景区布局呈"W"上加"一横"形状。一横为湖南路，"W"中间的空白部位为小南湖的水面，将景区内的一池、二岛、三轩、五园融为一体。其中一池即小南湖水面。通过两座长桥与主湖相通，形成相对独立的一片园林池塘；二岛指从湖南路及湖南岸的南北两个方向、伸向湖中的半岛——苏公岛、鸣鹤洲，两岛相望，水面相通，岛与岸之间以景观桥相连，造成小南湖多变的地形，也使每一条陆地、水面的游览线路都有移步换景的效果；三轩、五园指这里的园林古典式建筑，园中有院，院中有景，于是亭、台、榭、轩、阁、楼与桥、堤、树、花等便组成了一个有机的整体。整个景区柳绿花红，草碧岸曲，桥卧路转，亭飞水明，人在画中。主要景点中，小南湖四桥形态各异，名字美丽，典故精彩。石翁倚月以新石器时代的红石陶瓮及徐州市出土的陶瓮为模型，结合两汉文化奔放、朴拙的特点设计而来，景色奇丽，犹如繁星托月。苏公岛、鸣鹤洲以东坡文化为主题，同云龙山东坡历史文化相呼应，主要景点有东坡文苑、东坡足迹图、文澜阁等。沉水廊道长达148m，两侧为石垣接玻璃墙，曲折前行。走在沉水廊道里，仿佛走进了一个巨型水景的内部（图7-12）。

5. 秋韵园

秋韵园融湖、山、岛为一体，由三角枫、黄连木、翠竹、桂花、石榴等与临水栈道、平台、曲桥、亭、廊、榭、广场共同营造的秋韵水景，与湖东岸的"十里杏花村"春景遥相呼应，形成了云龙湖景区完整的游览空间（图7-13）。

6. 生态岛（钓鱼岛）

1999年西湖清淤人工堆土而成，与外部陆地相对隔离，岛上还人工饲养孔雀、天鹅、鹿、野鸭等小型动物，为游人提供更多与大自然、与动物的接触机会（图7-14）。

7.1.4 滨湖公园景区

滨湖公园的总体景观格局为一轴(八一大堤)、两带(沿八一大沟的水景植物景观带、滨湖生态水景景观带)、多空间、多节点的景观空间。公园以回归自然为主题，分为东、西两个园区。

东园以"动"为主，为两轴三区的景观框架，即：以2000m东园大堤为景观主轴线，艺术馆、文化广场、天地广场、观涛广场为景观次轴线，两条轴线紧密地连接着步行街商业区、滨湖生态景观区、内湖游泳区（万人游泳场），两条景观轴线两侧次第分布有雅致飘逸的"月影风帆"、气势恢宏的"大鹏展翅"、高耸巍峨的"彭祖寿石"、趣味横生的"七彩滑道"等景点。

西园以"静"为主，是一个生态园林景区，绿化采用欧式园林风格。景观格局为一轴(八一大堤)、两带(沿八一大沟的水景植物景观带、滨湖生态水景景观带)、多空间、多节点，从东向西形成金石园、倚湖探乐、乐伴湾、琴箫竹韵、海棠乐色、乐翔台、金鳞碧波、临水听涛、民俗园、芳林苑等景观节点。

1. 彭祖寿石

一块天然巨石，北面观之，形如一老者，拱手西拜，虔诚而慈祥，故名"彭祖寿石"。南面细看，则沟壑蜿蜒，状如巨龙长啸，灵气逼人。寿石周围依次布置24块介绍彭祖传奇一生的浮雕（图7-15）。

2. 金石园

50余块大型金石篆刻作品，内容主要为历代名印和历代名人赞美徐州的题语，所选石料都是花

东坡文苑

文澜阁

石瓮倚月

沉水廊道

图7-12　小南湖及部分人文景点

图7-13 秋韵园局部

图7-14 生态岛

图7-15 彭祖寿石

图7-16 金石园

岗岩石。园内还装设了一块玻璃印章作品和一块铜印章作品。金石园以系列篆刻作品为公园增添了浓厚的文化韵味（图7-16）。

3. 市民广场

市民广场采取"一湖、两轴、三场、四园、多点"的总体布局。南北纵轴为名人雕塑广场，辅以盆景大道；东西横轴为历史长河玻雕，展示了徐州5000年的历史演变，星辰广场、汉之源广场、时间之窗广场依次点缀其间；银杏园、紫薇园、玉兰园、梅园四个主题园区分布两侧，营造出"春花、夏荫、秋色、冬形"的不同景观效果。"童年回忆"、"民风民俗"以及时间之窗、汉之源、月影风帆、徐州历史名人等8组形态各异的雕塑散布在广场、绿地间，进一步丰富了城市文化内涵和景观艺术效果（图7-17）。

7.1.5 珠山景区

珠山景区以道教文化为核心，以徐州丰县籍道教"正一道"张道陵仙路历程（得道、修炼、斗法、立教、升天）为主线，以道家"返璞归真、天人合一"思想为文化内容，凸显了道教"一元初始、太极两仪、三才相和、四象环绕、五行相生、六合寰宇、七日来复、八卦演易、九宫合中、一元复始"的文化概念。空间布局以天师为核心，一路一谷，一台一坛，一园一街，四场三带的景观格局（图7-18）。

图7-17 市民广场

图7-18 珠山景区平面图

1. 天师岭

利用原有小型采石宕口，意取张道陵"五斗米教"，叠石引水，筑成"五斗瀑布"，石和水一刚一柔、一静一动，隐喻道教的阴阳两极与互转；瀑顶立张道陵立像，瀑布两侧遍植常绿、落叶乔灌，完整体现了道教"师法自然"的精神（图7-19）。

2. 一路一谷

一路为创教路，顺着山势，一阶阶花岗岩铺就的台阶，仿佛是通往青天的云梯，台阶一侧的石垣雕刻张道陵创立道教的故事浮雕（图7-19）。一谷即桐柏谷，利用原有场址资源，因材施用，景点布置呈"品"字形，下方右侧为一个小型龙柏广场，主景为民国时期遗存下来的13棵挺拔苍劲的古龙柏。品字下方左侧为遗存的大法桐和榆树林。品字的上方为一高台，其后方的山体上建立六角重檐的珠山亭，形成全区的观景焦点。（图7-20）。

3．一台一坛

一台即鹤鸣台，伸入云龙湖中的亲水平台，象征张道陵"鹤鸣得道"。台内有混沌花园、无极雕塑等彰显道教文化的雕塑（图7-21）。

一坛即百草坛，象征张道陵助百姓除瘟疫。百草坛直径约50m，色彩夺目的台阶花坛中间是一个大型树池，栽植一棵高达8m的石楠。百草坛与下沉星宿广场形成阴阳（图7-22）。

4．一园一街

一园即好人园，为彰显改革开放以来徐州涌现的"凡人善举"、"凡人壮举"，倡导日行一善，建

图7-19　天师岭全景

图7-20　桐柏谷

图7-21　鹤鸣台全景

图7-22 百草坛全景

设文明徐州。主要景点有"美德柱"、"正己镜"、"善举墙"、"凡人像"等（图7-23）。

一街为珠山艺术街，由艺术馆区、艺术品展示交流中心、艺术街坊、艺术家宾馆四部分组成，并配有特色旅游文化商业步行街。

珠山艺术街区背依珠山，设计了从珠山向外延伸的多条绿轴，将自然景观引入文化街区，形成了完整的生态网络。建筑采用现代建筑的表现手法与传统的建筑格调相结合，以素雅的建筑元素、错落有致的空间构成组合出丰富的街景（图7-24）。

5. 四场三带

四场为天师广场、星宿广场、珠山广场和万福广场。其中，天师广场呈半圆形，设有特色铺装、台阶花坛、观景错层平台等，广场上的玄珠雕塑表达着道家对于世界的认知及其深厚的哲学思想。星宿广场采用下沉式，二十八星宿雕塑起到画龙点睛的作用，突出景点主题。珠山广场呈扇形，大花岗岩铺装的银杏、广玉兰、桂花三个树阵。万福广场采用造型盆景与景石、草坪与模纹相

图7-23 好人园

图7-24 珠山艺术街区

| 万福广场 | 星宿广场 |
| 珠山广场 | 天师广场 |

图7-25 珠山四广场

结合，方正中透出飘逸，规则中透出灵秀（图7-25）。

三带包括南湖滨水景观带、中心景观带和水杉步道景观带。其中水杉步道景观带总长度1000多米，栽植水杉5000多株。水杉步道的面层材料采用绿色环保的塑木材料和石材相结合，软硬结合，行走的脚感特别舒适。由于水杉是落叶树种，在水杉的下面栽有四季常绿的万年青以保证冬季的时候仍然还有绿意，另外还栽有云南黄馨、迎春花等花灌木。

7.2 彭祖园

彭祖园位于云龙山东，泰山北。相传2000多年前的楚汉战争时期，此处曾是项羽驯养战马之地，故名"马跑山（马棚山）"。抗战期间被日军圈建弹药库，自然植被破坏严重，岩石裸露，山头植被以荒草为主，仅有少量乔灌木。

1951年起，市政府对马棚山封山育林，两座山头营建了侧柏树林。1953年起，山坡地辟建为果园。1976年，徐州市革委会将此两山及果园划归城建局园林管理处兴建"南郊公园"。

1984~1985年，"徐州动物园"由快哉亭公园迁来南山南坡，并在北山建设种德堂、乐复乐茶社等20余个景点和服务项目。同时，"南郊公园"易名为"彭园"。1986年疏浚扩展山体西侧集洪沟，建成景武湖[①]、古泉坝、玉钩坝以及东大门、大彭阁等。1987~1992年在南山东坡建设综合性游乐

---

① 纪念驻徐部队支持、参与园林建设。

场。1993~2000年在北山北坡建设"樱花林"。1993年在中部南麓复建著名古祠——彭祖祠，并在樱花林西南建设"天涯行碑林"。2004年"彭园"更名为"彭祖园"，"马棚山"更名为"福寿山"，其中北山名"福山"、南山名"寿山"，"景武湖"更名为"不老潭[①]"。

为进一步弘扬彭祖文化，将彭祖园打造成彭祖文化的集萃之地。2005~2006年，对福寿广场和寿山石碑坊、祭拜广场、彭祖祠充实装修改造、大彭阁改造、彭祖像广场、摩崖石刻、东门景区绿化、梅花园、福寿山绿化美化等。

2010年实施敞园改建。改建后的彭祖园分为五大功能区，分别为以祭拜广场为中心的彭祖养生文化区，以水榭、亲水平台、木栈道和疏林草地为中心的滨水休闲区，以名人馆为中心的徐州名人文化展示园区，以樱花林、"福、寿"山林为主的特色植物天然氧吧区和以游乐场、动物园为中心的休闲娱乐聚集区。

7.2.1　总体格局

彭祖园空间布局最大限度地利用自然地形地貌特征，山体西侧疏浚扩展雨水集洪沟，并利用自然落差，构筑条带形水景区，形成湖在前、山在后、山水相依的格局。山体中上部保持侧柏山林的自然野趣。山下缓坡和平地，依动、静设为两大区域：南部布置动物园、儿童乐园等，北部以名人馆为中心，展示古今徐州名人，彰显徐州底蕴深厚的人文历史，集中打造徐州名人文化展示园区。两区之间的中部区域，布置以祭拜广场为中心的彭祖养生文化区。全园布局完全依托自然地形、地势地貌，体现乡土风貌和地表特征，切实做到顺应自然、返璞归真、就地取材、追求天趣，成为"源于自然，高于自然"的经典（图7-26）。

图7-26　彭祖园平面图

[①] 相传彭祖带人在湖畔修炼，见此处泉水汩汩喷流，禁不住捧起一捧，一饮而尽，顿觉甘甜滋润，通体清爽，好像年轻许多。后人知彭祖饮此水益寿延年，故称为不老潭。

7.2.2 自然景观

1. 不老潭

不老潭从俏春园起，蜿蜒向北，与园外溢洪道相连。数条山间小溪汇聚于此，水面清澈明亮，波光粼粼，湖岸曲折有致，尺度宜人，形貌极为自然。一湖碧水生长着睡莲、蒲草等观赏植物，多种野生与放养的鱼类悠闲地游弋着，美丽的鸟儿不时低飞盘旋。特别是观鼎桥下常常聚集上千条红色锦鲤，绕着宝鼎，追逐游戏，"锦鲤闹鼎"。湖周虹桥、水榭等点缀其间，宛如仙境（图7-27）。

2. 樱花林

樱花林缘起1993年徐州市与日本半田市缔结为国际友好城市，景区有十几个品种的樱花3000余株，同时栽植了木瓜树、大樱桃稀植物，配建赏樱亭、市长诗碑等，成为徐州赏樱佳地。每年4月中旬樱花艺术节为徐州市影响最大、参与人数最多的春季花事活动之一（图7-28）。

3. 俏春园

名取毛泽东《卜算子·咏梅》"俏也不争春"诗意，又名梅园。地形起伏高亢，适宜梅花生长，

图7-27　彭祖园不老潭

图7-28　彭祖园樱花林

共栽植各种梅花500余株，品种有红梅、绿梅、白梅、垂枝梅、绿萼梅以及蜡梅科的蜡梅等。园内还有一株纪念徐州市和奥地利共和国雷欧本市结为友好城市的纪念树（桂花）以及纪念碑（图7-29）。

4. 日月石与八仙石园

日月石与八仙石均为自然景观石。其中，日月石形如骆驼，俗称"骆驼石"，上刻"日月石"三字，为赞颂驻徐部队支援徐州园林建设功同日月。八仙石园共有九块景石，一块象形彭祖，另八块象形八仙，取义"八仙拜彭祖"而祈求长寿的民间故事（图7-30）。

7.2.3 人文景观

彭祖园人文景观主要围绕彭祖文化和名人文化展开。主要景点有"大彭氏国"石坊、彭祖像、

图7-29　彭祖园俏春园

日月石

八仙石园

图7-30　彭祖园日月石与八仙石园

图7-31　彭祖园天涯行碑林与名人馆

福寿广场、大彭阁、祈福亭、彭祖祠、彭祖井、鼎鬵堂以及赏樱亭、天涯行碑林、名人馆等。

"大彭氏国"石坊六柱五楼，上雕十狮两龙，构成了石坊奔放有力的韵律，雄伟壮观，巍峨厚重，与嘉联匾额共同述说着大彭国的远古文明。彭祖像共五尊，分别位于西门入口、名人馆、大彭阁、彭祖祠、彭祖井处。福寿广场由104块字形各异的"福"、"寿"刻石组成的方阵，是"福"、"寿"两字字形的集中展示。大彭阁坐落于寿山山顶，一层彭祖寿堂中塑有彭祖、尹伊、采女塑像。正门上方悬挂着"彪炳春秋"牌匾，二道门牌匾为"道与化新"，乃引用汉代刘向《彭祖仙室赞》文句。彭祖祠为仿汉建筑，宏伟壮观，祠内供奉彭祖的贴金塑像；鼎鬵堂①、祈福亭②诠释了对彭祖烹饪术的褒扬和纪念。"天涯行碑林"由四厅三廊十条展线组成，共收藏明、清及近现代作者书法绘画名家碑刻130方。名人馆建筑依山就势，由形象大厅、序厅、古代史厅、近现代史厅、多媒体体验馆等，围绕五十余位徐州籍名人名士的事迹成就，深度表现了徐州的人文特点（图7-31）。彭祖园园林建筑及雕塑特色详见本书第五章。

7.2.4　动物园

动物园环境优美，生态自然，分布着猛兽区、食草动物区、鸟类展示区、儿童动物园区、两栖爬行动物馆、动物演艺展示等动物展区；饲养展出东北虎、非洲狮、金钱豹、麋鹿、猕猴、丹顶鹤、小熊猫、棕熊、黑熊、梅花鹿、斑马等八十余种近千只（头）动物，其中国家一、二级重点保护的珍稀濒危野生动物百余只（头）。动物园除展出动物外，还承担着徐州市珍稀濒危野生动物的移地保护、科普科研和救助救护功能（图7-32）。

图7-32　彭祖园动物园

---

① 鼎，最初是炊具，鬵则是大鼎。
② 传说八仙到福寿山之后，先拜彭祖，向其祈福祈寿，得了彭祖真传。

7.3 无名山公园

无名山公园坐落在铜山区长江路南,衡山路西。园址原为一处20世纪50年代人工营造的侧柏山林,山中有数个大小不一的废弃采石坑。

随着20世纪90年代初铜山县政府驻地从奎山迁至无名山西,进入"铜山新区"建设新阶段,无名山的生态修复和公园建设被提上日程,到1998年,先后完成了步行街、心雨广场、月亮湖、曲桥、湖心岛景区等工程建设,使公园初具规模。到2008年,又实施了两期续建和绿化提升工程,并加宽南北中沟、修建中沟大桥、增添游园设施。

2012年再次进行扩建改造,借鉴江南园林的造景手法,以山为中心,外层采用"加法"形式,强化自然山水联系。内层采用"减法"形式,除去多余的掩盖自然的痕迹,增加与环境相宜的景观元素,明确天然山水盆景内核,更好展现山水人文的主题,褪去浮华,回归本真。

改扩建后的无名山公园,占地面积达到27hm^2,总体布局依托自然山水,山岭玲珑、错落有致;溪水清澄、曲折善变;花木繁茂葱茏,秀拔多姿;桥榭亭阁,各具特色,以少胜多,既充满北方园林的豪气,又透出南方园林的秀气。

7.3.1 总体格局

无名山公园的设计主题为"人文山水,福地铜山"。景观主体按照"一山、二水"进行布局。"一山"采用"修整"方法,充分尊重原有地形,在原有侧柏林的基础上进行梳理和整合,以突显青山永在的意境,对裸露的岩石进行清理,将其自然粗犷的本质充分展现,让人们能从中领略来自地底的力量。"二水"一是通过将公园向西拓展,实现公园与现有河道相接,并对河道进行扩增,适当改造河道岸线形态,形成条带状"如意湖",建设滨水植物群落景观,丰富整体形象。二是修整山体中采石宕口、采石沟,构造山中水景区,作为山水人文的内核,反映场址历史。在景观构架上按照"两线、三轴"进行布局,两线为纵贯南北的西部生态景观线和中东部人文景观线,三轴为横穿东西的南部环山路景观轴、中部登山轴和北部环山轴。三条景观轴线串联起望月亭、福园、王学仲艺术馆、牡丹园、生肖广场、心雨广场、林荫广场、中国结、滨水景观带等景点(图7-33)。

7.3.2 主要景观

1. 福园

福园位于全园的中心,望月亭地处无名山最高处。一条石板小径,将月亮湖一湖碧水隔成东西两湖,东湖积水渊深,睡莲飘香,沉沉如静;西湖瀑流不息,飞花溅玉,

图7-33 无名山公园平面图

图7-34　无名山公园福园

如珠落玉盘。湖中栈桥，湖边水榭、曲廊、松涛亭等再现了一个江南园林精典。过栈桥、曲廊，见步步是景，犹如天上瑶池落人间。山腰的一条小河（开山采石留下的石沟），如玉带缠腰，曲折回旋，高低起伏，溪流淙淙，树绿花艳，山水一体，俨然世外桃源（图7-34）。

2．如意湖

如意湖湿地由自然河道进行扩增形成，从空中鸟瞰，状如一侧置的"如意"。主要以小岛湿地景观为主，沿水系设置了凉亭、小桥、跌水、亲水平台等景点，湖两侧的绿地中散布几处小广场供市民休闲（图7-35）。

3．主题广场

为方便群众游玩和休闲，公园设置了众多广场。北入口广场采用江南园林风格，广场中央置园名景石一块，入口设一组江南风格的园林建筑，简洁、典雅。十二生肖广场采用圆形广场的形式，广场中央置一圆球，象征宇宙；沿圆周布置12生肖，雕塑采用浮雕手法，图文并茂，别具一格。太极广场、林荫广场、中国结广场、运动广场等也都构思新颖，各具特色（图7-36）。

图7-35　无名山公园如意湖

北出入口广场	生肖广场
林荫广场	太极广场
"中国结"广场	运动广场

图7-36　无名山公园主题广场

4. 特色植物园

无名山公园设置了名木古树园、樱花园、翠竹园等专类植物园。特别是名木古树园，荟萃了30余种树龄100~300年名贵古树（图7-37）。

图7-37 无名山公园特色植物园

7.4 云龙公园

云龙公园位于泉山区和平路西延长段北侧，王陵路南侧之间，西南部接苏堤路，东近云龙山，是徐州解放后最早建成的综合性公园。

园址为历史上取土烧窑形成的大片洼地和池塘以及池塘东西两边的耶稣教和佛教的墓地等。公园始建于1957年，到1962年基本完成建园工作，形成荷花厅景区、花圃景区、假山景区、知春岛景区、王陵母墓景区、儿童乐园游览区、水景游区7个景区，公园设东、西、北三门。

1980~982年，在公园东隅建造盆景园，取名"艺林"。园内有展厅五个，接待室一组，临水亭一座，并有架廊、展池、假山、水景等设施，后又增建水榭及临水游廊。

1984~1985年，在知春岛上复建徐州名楼燕子楼，扩建儿童乐园，建设盆景园配套设施，公园北湖西岸游船码头，公园露天剧场。同时，对全园绿化补栽调整。

2001年，担任第二届江苏省园艺博览会主会场，全省13个省辖市分别建设7个景区26处景点。

2007年，实施敞园改造，拆除了四周围墙、沿街店面以及园内有碍观瞻的建、构筑物和游艺设施，全园调整改造为五大景区。改造后的公园由建园时的24hm^{2}扩大到24.35hm^2（其中水面8hm^{2}基本保持不变），公园的功能也从游乐型综合公园转变为游憩型综合公园。

7.4.1 总体格局

云龙公园总体格局遵循"保持原有场地风貌，延续地域文化元素"的原则，全园以原取土烧窑形成的大片洼地和池塘为中心展开，首先将各个小池塘连成南北两片人工湖，以此形成滨水休闲区。公园北部因与王陵路相接，布置以王陵母墓、燕子楼为中心的历史文化景区。两湖之间的中部半岛，陆地面积较大，布置为以舞台广场为中心的群众聚集休闲活动区。东部因与学校等单位相邻，环境相对僻静，布置盆景园区。东南部与和平路相接，布置主入口广场。中部水域之间建景观桥——玉带桥，与环湖道路构筑起全园主要游园道路系统（图7-38）。

7.4.2 主要景观

1. 燕子楼

原为唐代徐州守帅张愔生前特地为爱妾关盼盼兴建的一处别墅，因其飞檐挑角，形如飞燕，故被称之为燕子楼。唐景福二年，燕子楼毁于战火。此后屡建屡废。今燕子楼位于北湖临水半岛——知春岛之上，建于

图7-38 云龙公园平面布置图

图7-39 云龙公园燕子楼

图7-40 云龙公园王陵母墓

1985年，1987年被列为徐州市文物保护单位①（图7-39）。

2. 王陵母墓

王陵②母墓是一座已有2200多年历史的古墓，明清曾多次建筑牌坊，立刻墓碑。清代状元李蟠曾为王陵母墓撰写碑文。现整个景点除王陵母墓外，还有牌坊、墓碑等（图7-40），三面景观墙上刻写王陵母故事，图文并茂。墓周绿化以箬竹为主，其节显著，叶子宽大，象征王陵母的高风亮节。

3. 假山半岛

位于南湖东北岸，与荷花厅隔水相望。由大假山、花廊及亭、桥组成。假山叠石嶙峋，中有迂回曲折的山洞。山巅有亭，亭前有桥。东侧临水处有一个数十米长的花廊。假山周围花木扶疏，遍栽翠竹，形成竹海，有紫竹、刚竹、孝母竹等十多个品种，独具特色（图7-41）。

4. 中国胡琴艺术博物馆（盆景园）

中国胡琴艺术博物馆原为云龙公园盆景园（又名"艺林"），为"园中园"。共有前庭、中庭、后庭。曲折的游园石板路贯穿其间，园内花木扶疏，簇拥的白墙灰瓦，古色古香，如诗如画。岸线曲折流畅的引河、水池，灵秀的假山，与江南水乡特色建筑相映成趣，俨然一座淡雅的江南园林，移步换

图7-41 云龙公园假山

---

① 燕子楼之所以闻名遐迩，在于关盼盼忠贞不渝、凄美悲凉的故事与历代众多文人墨客吟诗填词的宣扬。如唐白居易《燕子楼三首并序》，宋苏轼《永遇乐（彭城夜宿燕子楼，梦盼盼，因作此词）》，宋文天祥《满江红·和王夫人〈满江红〉韵》中"燕子楼中，又挨过几番秋色。"，元萨都剌《木兰花慢·彭城怀古》中"画眉人远，燕子楼空。"到《红楼梦》第七十回里林黛玉《柳絮》"香残燕子楼"的万千感叹，无不拨动着读者的心灵。

② 王陵，汉初名臣。刘邦反秦时王陵在南阳聚兵数千。楚汉相争时，王陵属汉，项羽劫其母，企图招降王陵。王陵母亲为了断绝王陵的挂念，拔剑自刎。刘邦打败项羽后，王陵回到彭城，走出南门就地跪倒，爬行两里来到母亲墓前，后人便在王陵爬过的地方修建了一条路，取名为王陵路。

景，赏心悦目（图7-42）。

5. 木化石林

木化石①林建成于第二届江苏省园艺博览会期间，整个景点的木化石分为三大组团，每个组团均置于花境，木化石的冷峻与草花的娇柔形成鲜明对比，显示出大自然的巨变，给人以哲学式的启示（图7-43）。

图7-42 云龙公园中国胡琴艺术博物馆全景

图7-43 云龙公园木化石林

---

① 木化石又称硅化木，是远古树木因地质活动硅化成石。

7.5 淮塔公园

淮塔公园——民众对淮海战役烈士纪念塔陵园的通称，位于凤凰山东麓，是为纪念淮海战役中牺牲的革命烈士而建的纪念性园林，国务院1959年4月4日决定兴建。由著名建筑学家杨廷宝总体规划设计，主要建设内容有纪念塔、纪念馆和陵园绿化三大部分。1960年4月5日奠基，1965年10月建成，当年11月6日（淮海战役发起17周年纪念日）正式对外开放。

进入20世纪80年代以后，又先后续建粟裕将军骨灰撒放处纪念碑（1986年3月落成）、淮海战役总前委群雕（1996年8月建成）、淮海战役碑林（1999年落成）、淮海战役纪念馆新馆（2003年5月中共中央办公厅批准增建，2007年7月落成开放）。

7.5.1 总体格局

淮塔公园地势西高东低，海拔高度39~100m，坡度在5°~20°，地形起伏，变化和缓而多端。公园将革命纪念地与风景游览相结合，总体布局采取规则式与自然式相结合的方法，凭吊纪念区严格按规则式设计，以中心广场为纽带，西为纪念塔，南为纪念馆，东为正门，北为侧门。主体建筑纪念塔坐落山腰，背靠青山，面迎朝阳，宏伟壮观。纪念游览区位于凭吊纪念区的南和西南侧，采用自然式布局，蜿蜒的园路，将碑林、总前委群雕、粟裕将军骨灰撒放处纪念碑与自然的山林、桂花园、枫林园、乌桕林、竹林、桃花园、梅花园、樱花园、海棠园、青年湖等连为一体。两区之间的过渡区，采用宽林带、多林层的配置方式逐步过渡，凭吊区庄严、规整与纪念浏览区的自然、清新两者有机地结合。既继承了中国陵园营造的传统，同时又展示了时代风采，整个公园规模宏大，气势壮观，风光秀美，已成为一处历史内涵丰富自然与人文景观优美的革命纪念地和风景游览区（图7-44）。

图7-44 淮塔公园平面图

7.5.2 主要景观

淮塔公园主要人文景观有淮海战役纪念塔、纪念馆、碑林、总前委群雕、粟裕将军骨灰撒放处、国防教育园等。

1. 纪念塔

纪念塔高38.15m，由塔座、塔身、塔额组成，塔身全部用花岗岩砌筑。塔额雕刻有由五星、两支相交的步枪和松籽绸带组成的塔徽。塔身正面镶嵌有毛泽东手书"淮海战役烈士纪念塔"九个鎏金大字。塔座正面刻淮海战役碑文。塔座南北两侧为表现淮海战役的大型浮雕。塔的四周是方形平台，平台外为长廊，长廊内刻烈士名字（图7-45）。

图7-45 淮塔全景

2. 纪念馆

淮海战役烈士纪念有老馆和新馆两馆。

老馆与淮海战役烈士纪念塔同时兴建，平面呈"H"形，为兼具民族风采、近代风格特色的建筑，檐下悬挂陈毅将军1965年8月题写的"淮海战役纪念馆"馆标。新馆位于老馆南侧、青年湖北，平面为正方形，建筑外方内圆，线条简洁，气势壮观，富有现代感。两馆建筑特色详见本书第4章。

3. 淮海战役碑林

淮海战役碑林位于纪念塔东北侧，由碑亭、碑墙、碑廊、碑室等组成。碑林共镶嵌竖立500多块党和国家领导人的题词，老一辈革命家的题咏和海内外书法名家的墨迹。碑林错落有效，曲径通幽，清新典雅（图7-46）。

7.5.3 园林绿化

淮海战役烈士陵园的绿化以荒山造林营造的侧柏山林为基础，山林自然景观面积占整个园林的60%，人文景观林面积占40%，属于典型的山地园林，在总体规划设计上，规则式与自然式相结合。纪念区采取规则式园林布局，增强庄严性（详见4.2节）。休憩游览区（南湖区）充分利用了有利地形，采用自然式园林布局，以青年湖为中心。湖区绿化设计与植物配置湖岸以垂柳为主东侧密植女贞，南侧栽植侧柏、铅笔柏，形成绿色屏障，遮隐围墙和公路。湖西侧片植三角枫纯林，霜后枫叶一片火红。北侧为人工土山，山上自然式配置樱花、紫薇、蔷薇等花灌木，形成朴实、自然的

图7-46 淮海战役碑林

图7-47　淮塔公园游憩区绿化

山林景观。土山北为青年广场，其上因地制宜的丛植和孤谊枫杨、台欢、乌桕、银杏、火炬树等高大乔木，冠下设石桌、凳，供游人休息。广场西侧竹林中筑土山、建阁楼。登阁远望，四周美景不胜收，俯首近视，风吹秀竹如浪涌。湖北岸建水榭、立花架长廊，与南岸假山对景遥望。两者之间的过渡区，采取逐步过渡的方法，用宽林带、多林层的配置方式，使两区之间有一绿色屏障作为障景挡住去路。绕过林带两端的狭窄路段进入湖区，豁然开朗，从而使凭吊区的对称、庄严、规整与休憩游览的自然、清新、明快达到有机统一（图7-47）。

7.6　戏马台

《史记》记载，公元前206年，项羽建都彭城，在城南门之外的南山之巅，筑台以观将士"戏马"[①]。后项羽兵败乌江，但一个"力拔山兮气盖世"的英雄，再加上与盖世美人虞姬的凄美故事，"英雄加美人"越发让人不能以成败论英雄，以致二千多年来人们接踵登临，凭吊追怀，并陆续在台上

---

① 最早提到"戏马台"的古籍是郦道元《水经注》，该书二十五卷载："泗水西有龙华寺……今彭城南有项羽凉马台。"

进行建筑①。然而，由于徐州迭遭兵燹，至民国时，除风云阁可以印证"秋风戏马"外，已很难寻到前朝遗物了。

徐州解放时，戏马台仅戏马碑亭作为景点向市民开放。

为恢复徐州城的历史文化，1986~1987年市政府拆迁民居250余间，以戏马碑亭为中心修建修戏马台公园。

1999年改扩建南大门，新建北大门，古民居进行开发，增扩绿地。扩建后戏马台占地面积较原初增加1倍。

2005~2007年，对展室进行改造，采用艺术蜡像、硬木彩雕、瓯塑等手法，全面、生动地再现了楚汉相争的历史画卷。

7.6.1 总体格局

戏马台因山营台，雄视尘寰。整个园林以风云阁（戏马台碑亭）为中心，前部以仿古建筑群为主景，结构严谨。后部以山林游览休闲为延展，苍松翠柏、名花奇石，野趣幽静清绝，脱凡去俗，自然清雅。二者在高低、隐显、人为、天成及造园风格上都有意形成对比。全园分为南部山门、广场景区，东部楚室生春院景区（原东院关帝庙等），西部秋风戏马院景区（原西院耸翠山房等），中部戏马碑亭、怀古台、重九台景区，北部花园、碑廊、集萃亭、水池景区5个景区（图7-48）。

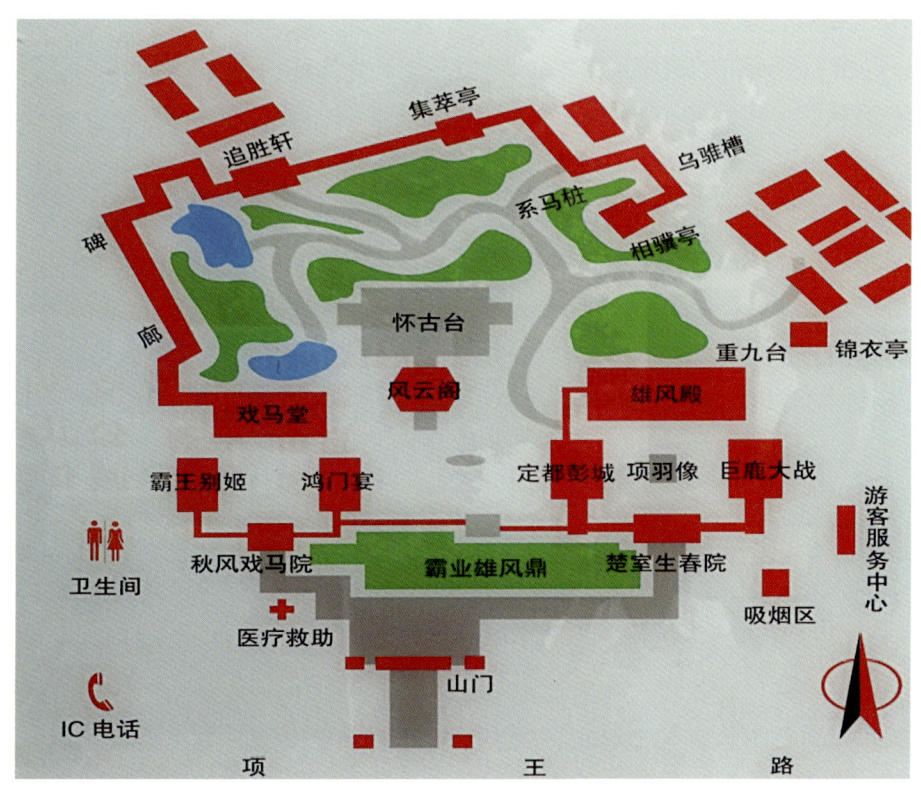

图7-48 戏马台平面图

---

① 据记载，南朝宋武帝刘裕在戏马台东侧建台头寺（陀头寺）。明隆庆三年（1569年）在台头寺旧址建三义庙（清代易名关帝庙）。明天启四年（1624年）户部分司主司张璇将徐州户部分司署移至台上，此后"南山"遂易名"户部山"。此后两朝地方官府在此陆续增建文昌祠、刘牧祠、朱子祠、观音殿、奎星阁及亭等。

图7-49 戏马台山门与霸业雄风鼎

7.6.2 主要景观

1. 南山门与霸业雄风鼎

公园南山门为一券顶半圆大门,巍峨庄重。门额"戏马台"由当代国画大师李可染题写。山门外31级黑青石石阶,象征着西楚霸王项羽31年短暂而壮烈的一生;门内23级黑青石石阶,寓指项羽23岁时带领8000子弟响应陈胜起义。

山门内为一连接东西两院的琉璃瓦檐墙。墙壁中镶嵌当代著名书画家陈大羽手笔"拔山盖世",琉璃檐墙后起一高台,上置铸铜长方双耳四足大鼎,鼎腹镌"霸业雄风"四字,象征项羽的西楚政权(图7-49)。

2. 风云阁

风云阁俗称戏马台碑亭,始建于清代道光二十八年(1848),光绪十三年(1887)重建,清末民初曾以"秋风戏马"被列为"徐州八景"之一。1987年重修后,将碑亭命名为"风云阁"。亭中之碑为明万历十一年(1583)监司①姜士昌倡立,碑面"戏马台"三字由时任徐州兵备右参政莫与齐书丹,碑阴为明宣宗宣德八年(1433)癸丑冬十月镌刻之《徐州重建儒学记》。亭前增尉天池所书"南山"石碑一块,亭后增立沙孟海题书"秋风戏马"立石一方(风云阁图见4.3节)。

3. 楚室生春与秋风戏马

楚室生春与秋风戏马为两组四合院式建筑,其中,东院为"楚室生春"院,西院为"秋风戏马"院。两院均以丰富的文字资料、浮雕、壁画和蜡像等相互补充,用以再现西楚霸王项羽从鼎盛走向衰败的悲壮历史。

楚室生春院在原台头寺的基础上修建,故名楚室生春,由穿廊、雄风殿和东西配殿组成,院正中立西楚霸王项羽石雕像。雄风殿前的两根蟠龙顶檐石柱系明代所建三义庙之旧物。雄风殿的后壁"西楚春秋"石刻壁画形象再现了西楚霸王项羽悲壮的一生。东西配殿分别陈列"巨鹿大战"壁画和

---

① 督察州县之刺使、按察使、布政使、转运使皆可泛称监司。

图7-50　戏马台楚室生春院

图7-51　戏马台秋风戏马院

"定都彭城"沙盘，场面壮阔而气势恢宏（图7-50）。

秋风戏马院在原"耸翠山房"的基础上建成。正殿戏马堂，堂四壁均为雕花窗棂，堂周环以回廊，24根丹柱绕堂排立。当门立一屏风，上绘"秋风戏马图"。东西配殿中分别陈列"鸿门宴"砖雕壁画和"霸王别姬"油画，再现了项羽从鼎盛走向衰败的历史（图7-51）。

4. 怀古台、重九台

怀古台位于风云阁后，台下有一石室——"项王武库"。武库石室东、北两面各有一个出口，出口处覆以草木，外明内暗，出人意想（图7-52）。重九台位于风云阁东。晋义熙十二年（416），南朝宋武帝刘裕以徐州为指挥中心进行北伐战争，重阳佳节曾在此台大会将佐，宴饮百僚。今筑重九台，以寄怀念之情。

5. 碑廊、啸天石

碑廊位于戏马台后部，依山势而建，曲折延展，勾连着追胜轩、品墨亭诸景。廊壁间镶嵌着唐张籍、宋苏轼及明代清至现当代书法家的书法佳作，以及八十幅"楚汉春秋"故事彩绘。碑廊尽头，有西楚霸王系马桩和乌骓槽；其西北部立有一块孤赏石，名"啸天石"，又名"人杰鬼雄石"[①]，隐喻项羽悲壮一生（图7-53）。

图7-52　戏马台怀古台

图7-53　戏马台碑廊与啸天石

---

① 宋代女词人李清照诗曰：生当作人杰，死亦为鬼雄。至今思项羽，不肯过江东。

7.7 龟山公园

龟山公园建设发端于1981年2月发现的"龟山汉墓[①]"。1992~1993年于原址建筑龟山汉墓保护和景点建设工程,并开放旅游观光。

2000年,引入民间资源在汉墓正面区域北侧兴建"徐州圣旨博物馆"(老馆),展出明清两代数十道圣旨和明清龙袍、宫廷用品以及清代科举考试试卷真迹、牌匾、楹联等近两千件文物。

2007年对龟山山体南侧和东侧大型采石宕口实施生态修复与景观重建。

2012~2013年4月实施龟山汉墓景区提升一期工程,主要为汉墓正(西)面区域提升改造和游客服务中心、游园广场、生态停车场建设。同时,建成徐州圣旨博物馆新馆。

2013年下半年实施龟山汉墓景区提升二期工程,建设范围为汉墓背(东)面和南北两侧区域,包括点石园、铜熏台、珍珠湖建设及绿化改造提升等,与一期工程一起形成一个完整的环山公园。形成了以汉代墓葬遗址为基础,皇椟文化、石刻文化作补充,历史文化与园林景观融为一体,景观优美的历史文化空间。

龟山公园的建设,还开创了一条民营博物馆和国有景区有机结合的新路子,形成了互利双赢、相得益彰的共同发展态势,带来了良好的社会效益和经济效益。

7.7.1 总体格局

龟山紧邻闻名遐迩的九里山古战场[②]。龟山历史上曾长期被开山采石,宕口众多,山体严重破损。公园总体布局根据建设目标、内容和场地特点,以汉墓为景观主线,合理规划利用宕口资源,对现有景观进行梳理整合。汉墓正面区域集中布置游客服务中心、游园广场和大型生态停车场等服务设施。山体南侧以植物景观为主体,分设山缺绿化景观区和南广场景观区,山体东侧布置"铜熏台广场"以及"龟山探梅"等特色植物景观区,山体西侧的南部布置"圣旨博物馆"、中部布置"点石园石刻艺术馆"、北部布置"珍珠潭"(图7-54)。

图7-54 龟山公园平面图

7.7.2 自然景观

1. 龟山探梅

龟山探梅园利用采石留下的嶙峋怪石宕口,巧布石壁、石林、旱(水)溪,间植红梅、绿梅、乌梅、蜡梅、黑梅等1500株或苍古遒劲的梅桩,或清秀遒劲的幼梅,与曲折

---

① 为西汉第六代楚王襄王刘注(即位于公元前128年~前116年)的夫妻合葬墓,1994年被列为全国重点文物保护单位,2000年被评为中国20世纪100项考古大发现之一。
② 《水浒传》第四回中有民谣"九里山前古战场,牧童拾得旧刀枪,顺风吹动乌江水,好似虞姬别霸王。"

图7-55 龟山公园之梅园

图7-56 龟山公园之珍珠潭

的小桥，清中期皖南风格的古戏台、雀楼等相映成趣，自然、建筑、人文融为一体。徜徉于龟山探梅园，仿若是在鉴赏一幅山水画，由"梅"这一主线，引导出"景"的视觉流动，贯穿全园，行止而意未尽（图7-55）。

2. 珍珠潭

龟山出露山体为石灰岩，珍珠潭景点原址为一片大小不一的石坑。景点建设利用既有地貌，以"素衣龟精坐化成山"的美好传说为背景，对石坑采用钠基膨润土防水毯（GCL）处理，形成一列湾月状散布的山潭，潭周配置疏林草地，2条蜿蜒的游步道相互交叉地穿行其间，从空中下望，犹如珍珠落地（图7-56）。

3. 山缺绿化

龟山汉墓的上方及两侧散布着数个大小不等的采石宕口，景观残破，宕底与墓顶的距离近，为保护古墓，不能实施大规模的石方工程。2007年起实施生态恢复与景观重建，工程紧扣汉墓这一主题，大门左后方 [左 (妇人) 墓道侧上方] 宕口，以"汉宫欣月"为主题，主要植物配置以凌霄铺底，遍植女贞球，中心位置点植高杆女贞，周边点植三角枫；大门右后方（主墓道侧上方）俯瞰呈圆弧形的宕口，以"虎踞龙盘"为主题，主要植物配置以爬山虎铺底，龙柏盘旋栽植，点植五角枫；汉墓南侧面积大、断面平直的宕口，以"壁立千军"为主题，主要植物配置以爬山虎铺底，遍植侧柏，点植火炬树、三角枫、五角枫；汉墓东南部宕口以"锦绣江山"为主题，主要植物配置以蔓卫矛铺底，点植黄连木、火炬树；汉墓东北部宕口以"汉风常青"为主题，主要植物配置以常春藤铺底，点植铅笔柏。环绕汉墓的5个宕口，5个主题，强烈烘托了公园主题（图7-57）。

7.7.3 人文历史景观

1. 龟山汉墓

龟山汉墓依山为陵，墓葬开口处于龟山西侧，呈喇叭形状，墓葬东西长83m，南北最宽处33m，总面积700余m²，有南北两条甬道（南为楚王刘注墓甬道，北为其夫人墓甬道）均长56m²，高1.78m²，宽1.06m²，沿中线开凿最大偏差仅为5mm，精度达到1/10000；两甬道之间相距19m，夹角为20s，误差为1/16000，是迄今世界上打凿精度最高的古甬道。墓室共十五间，卧室、客厅、

图7-57 龟山公园之山缺绿化

马厩、厨房一应俱全,室室相通,大小配套,主次分明,井然有序。此墓工程浩大,雕凿精细,洋溢着雄浑恣肆的楚汉雄风,气势雄伟,被誉为"中华一绝"、"千古奇观"(图7-58)。

2．圣旨博物馆

圣旨博物馆内珍藏明清圣旨数百道,特别是从大清开国皇帝顺治到末代皇帝溥仪十代皇帝的圣

图7-58 龟山公园之龟山汉墓

图7-59　圣旨博物馆

图7-60　龟山公园之铜熏台

图7-61　龟山公园之点石园

旨，承接不辍。另有匾牌楹联、清代状元书法、科举资料等千余件稀世珍品。整个展品为奉天承运圣旨展厅、蟾宫折桂科举展厅、其藏也周珍品展厅3个部分（图7-59）。

3．铜熏台

铜熏台以出土的"龟山铜熏"为原型塑造。铜熏为焚香薰炉。炉体作扁圆形，深腹，圆底，下以三鸟作支架。三鸟下接细柄形圈足。盖作覆盘状透雕三虎，中央有一小环。器身两侧有兽面衔环一对。腹、柄、圈足均刻双线云气纹。造型优美，工艺精致，是汉代文物中少见的艺术精品（图7-60）。

4．点石园及石刻艺术馆

点石园设计充分诠释了"天人合一"的理念，总体布局依山就势，错落有致，既有北方园林的堆山叠石，雄浑厚重，楚汉雄风，又有江南园林的楼台亭榭、小桥流水，曲径通幽。园内石刻艺术馆陈列有全国各地征集的石雕、木雕、砖雕等大型文物及各类碑碣2000余件（图7-61）。

7.8　狮子山汉文化园

狮子山汉文化园发端于1984年12月发现的徐州彩绘兵马俑[①]和1991年7月发现的狮子山楚王陵

[①]　继咸阳杨家湾西汉彩绘兵马俑、西安临潼秦始皇兵马俑之后发现的第三批兵马俑军阵。

墓[①]。1994年市政府动迁了130多户居民，建设"狮子山楚王陵"和"兵马俑馆"两个景点，1995年建成并对外开放。

2005年实施狮子山汉文化园一期建设工程，包括兵马俑馆改扩建、水下兵马俑馆、汉画像石展厅、王后陵展厅、汉文化广场、市民休闲广场及景观绿化等。

2007～2009年实施二期建设工程，新建竹林寺以及游步道、景观绿化、停车场等，形成了集两汉文化、佛教文化、园林景观为一体的综合景区。

2010年实施三期建设工程，景观绿化提升改造面积7.3万m^2。以造型植物为特色，体现古典文化韵味，在主要景点利用植物与景观小品的结合，凸显区域景观特色。

2013年实施敞园改造工程，增建"车马出行雕塑广场"，改扩建铜镜广场、两汉文化广场、浮雕广场、健身广场、儿童广场、年轮广场和穹庐广场等，提升如意湖绿化景观，新增景区夜间亮化工程和监控设施等。改造后的公园更全面地彰显汉文化的深厚底蕴，又为徐州市民提供游览休闲的好去处。

7.8.1 总体格局

狮子山汉文化园占地93hm²，自然地貌富于变化，北有骆驼山，南有狮子山，两山之间夹有羊鬼山、绣球山，地形起伏多变。公园总体布局以考古发现、历史文化遗存的分布为基础，综合考虑公园目标定位、自然地形地貌以及与城市的联系，在南、东、北三个方向布置4个入口广场区邻接城市主干道，西部原砖瓦窑取土坑进行岸线整理形成滨湖（如意湖）景区，狮子山东部的楚王陵陵区和西部与如意湖相接的兵马俑区域布置历史文化区，狮子山中部区域布置雕塑广场区和休闲健身区，北部骆驼山布置佛教文化区。其中，历史文化区由狮子山楚王陵、汉兵马俑博物馆、汉文化交流中心（展示汉画像石艺术）、羊鬼山展亭（王后陵）、水下兵马俑博物馆等两汉文化精髓景点组成。全园有陵有俑有汉画、有山有水有古刹，汉代三绝（汉兵马俑、汉墓、汉画像石）、中国第一比丘尼净检潘法师[②]道场——竹林寺等景点呈现出一部立体的汉代史（图7-62）。

图7-62 狮子山汉文化园平面图

---

① 西汉早期分封在徐州的第三代楚王，曾做过汉王朝宗正的刘戊的陵墓。
② 比丘尼，梵文Bhikkhuni又作苾刍尼、比呼尼、尼、除女、薰女、沙门尼，俗称尼姑。依《比丘尼传》卷一所述，西晋建兴年间（313～317），徐州人，尼僧净检从西域沙门智山剃发、受十戒，这是我国比丘尼的开始。

7.8.2 自然景观

狮子山汉文化园面积广大，植被景观以既有侧柏山林为基础，结合空间结构分区，分别构造春、夏、秋、冬和水生植被5大植被景观（图7-63）。其中，春季景观主题春暖花开，位于如意湖、芙蓉园、梅园等区域，植物种类选用樱花、碧桃、梅花、海棠、刺槐等。夏季景观主题绿荫碧草，位于草坡、兵马俑馆等区域，植物选用国槐、垂柳、连翘、石楠、萱草等。秋季景观主题秋高气爽，位于桂花园、菊园等区域，选用栾树、水杉、桂花、菊花等。冬季景观主题苍松翠竹，位于楚王陵、竹园、竹林寺等区域，选用桧柏、竹子等。水生花卉景观主题娇艳多姿，位于如意湖、芙蓉园、幽溪等处，选用千屈菜、黄菖蒲、荷花、睡莲等。

图7-63　狮子山汉文化园植被景观

7.8.3 人文历史景观

狮子山汉文化园人文历史景观主要有楚王陵、汉兵马俑博物馆、汉画像石博物馆、汉文化广场等雕塑广场和竹林寺、刘氏宗祠。

楚王陵凿山为葬，工程浩大，凿石量高达5100m^3。墓中出土金、银、铜、铁、玉、陶等各类珍贵文物二千余件套，特别是金缕玉衣、镶玉漆棺、玉卮、金腰带扣等，工艺精绝、令人叹为观止（图7-64）。汉兵马俑博物馆在原址上就地建馆，由汉兵马俑主馆和水下兵马俑博物馆两部分组成。四千多件汉俑采用写意的手法，将汉代军旅中士兵们的思想、神态和情感惟妙惟肖地刻画出来，具有很高的艺术欣赏价值。汉画像石博物馆采用廊式建筑样式，长廊全长约300m，分为动漫展示与休闲区、汉画像石及拓片模拟制作互动区、汉画像石精品展区3个区域，以现代高科技声、光、电技术生动再现汉代现实生活场景，使游客身临其境。并以现场互动的形式展示汉画像石雕刻、拓片制作、印章篆刻及书法题跋，既增添了文化特色，又使游客充分融入文化本身（图7-64）。

竹林寺是中国第一比丘尼净检法师的道场，明清时期徐州八大寺之一，后毁于战乱。新建的竹林寺坐落在骆驼山上，利用整个山体空间，整体规划竹林寺建筑群体，再现千年古刹竹林寺深幽清

图7-64 狮子山楚王陵和汉画像石博物馆

净的意境。全寺由南北山门，主院，西侧院及观景阁经信钟鼓楼组成，建筑雄健古拙，出檐深远，斗拱较硕大，柱头有卷杀，整个建筑群落协调统一（图7-65）。

园中主要建筑的风格特色和广场雕塑见本书第4章。

7.9 东珠山宕口遗址公园

东珠山宕口遗址公园位于高铁国际商务区的中心，园址山体因开采石料，宕口众多，山体遭

图7-65 竹林寺

到严重破坏、岩体破碎、危崖累累、满目疮痍。为改善区域生态环境与景观质量，对东珠山采石形成的宕口遗址的综合治理。工程以"恢复整个珠山区域的生态环境，同时，保留必要的采矿业遗迹，打造城市历史的时空图式，进而组合成新的矿山遗址景观，成为综合性、高品质风景名胜区和科普教育基地"为目标，分2期实施。一期工程位于北坡，2009年1月开工，2010年2月建成开放，建成日潭、月潭、珠山瀑布、山间云梯、天池双湖、峰回路转等景观节点。二期工程位于南坡，2013年7月开工，2014年10月建成开放，分为城市形象展示区、城市文化娱乐休闲区、特色山体风貌体验区、微型湿地体验区和山林自然活动区等景观功能区，建设箭竹林、赏星台、石矿科普展示园、彩蝶花谷、静星湖、星河瀑、朗星湖等景观节点。

7.9.1 总体格局

遗址公园关键体现在"遗址"二字。因此，地形设计充分考虑宕口岩壁、宕底水塘的走向、分布、规模等采矿遗迹因素，优先选定需要保留、展示的区域，按照依形就势原则，根据场地的地形地貌，在山体北部，主要布置"两潭、两岛、一瀑、一谷、一云梯"七大主体景观[4]。在山体开采区建立连续的东西向景观走廊，通过木栈道、云梯等元素将山顶、宕底、岩壁的各个景点链接起来，突出表现原有宕口的奇峰异石与设计的景观节点之间的完美结合。在山体南部，在东侧沿城市界面建立城市生活景观廊道，以

图7-66　东珠山宕口遗址公园总体设计

满足市民休闲娱乐及城市展示等综合功能需求；在西侧沿城市界面依据地势完善雨洪管理，建立雨水花园（微型湿地景观），增加区域内物种多样性，丰富景观体验；在山体未被开采区，布置市民山体休闲活动空间。在采空区建设彩蝶花谷、静星湖、星河瀑、朗星湖以及箭竹林、赏星台、石矿科普展示园等景观节点。为游客提供生态的、连续的、丰富的景观体验（图7-66）。

7.9.2 主要景观

1. 一谷两潭

"两潭"最先确立，这是由于宕底东西两侧各有一潭，形如日、月相照。结合两潭形状，在月潭中设立半月状半岛，在日潭中设立朝日状离岛，由此形成"两岛"景观。两潭之间用亲水木栈道实现景观上的沟通，既丰富了宕口游园的野趣，也展现出宕口改造后景观特色（图7-67）。

2. 一瀑一桥

利用位于北部宕口南侧的向外凸出的垂壁区，设计成一级挂落、二级流淌的组合式瀑布，使裸露的宕面变成流动的水墙，涛声阵阵，增添了无限生机。折线式的"云梯"依岩壁而走，掩映于高矮不同的树木丛中，游客拾级上达山顶，不但保护了园区生态环境，还增加了游客的游趣。两侧垂

图7-67　东珠山宕口遗址公园两潭两岛

岩形成的峡谷顶部设置"彩虹桥"连接两侧山体景点（图7-68）。

3. 植物应用

根据不同区域立地条件，基岩稳定、土壤深厚处以乡土落叶乔木如朴树、栾树、乌桕、重阳木、鹅掌楸、三角枫、大叶榉等秋季色叶树种为主，常绿乔木如雪松、龙柏、香樟、女贞、桂花、广玉兰、枇杷、石楠等为辅。挂网喷播区域，以灌、草为主，在条件许可的位置，局部设置"关键树"。各个景点的植物配置中，乔木的选择标准是突出景点的鲜明立意，尽量做到一树一景；彩虹桥上采用当地特色色叶树衬托"彩虹桥"的寓意。局部低处种植花灌木或有野趣的草花，小乔木及灌木采用适合山地土壤及气候特征的品种，如黄栌、鸡爪槭、火炬槭、南天竹及绣线菊等观花或观姿植物。宕口坡面上及落叶乔木的林下配置一些多年生开花的草本植物，让其自然生长，自然繁衍，充满野趣（图7-69）。

图7-68　东珠山宕口遗址公园一瀑一桥

图7-69　东珠山宕口遗址植物景观

7.10 潘安湖湿地公园

潘安湖湿地公园原为权台煤矿和旗山煤矿的采煤塌陷区。地处徐州主城区与贾汪城区中间（距两地均约18km）。

根据潘安湖采煤塌陷区的区位条件，工程以"生态恢复、景观重构、历史文化、生活娱乐共存、共融、共同发展的乡村湿地景观文化场所"为目标，通过2期建设①，公园规模达到15.98km²，独特地湿地自然生态景观，农耕文化、民俗文化，使游人去还欲还。

7.10.1 总体格局

潘安湖湿地公园的总体格局，首先根据土地的塌陷、沉降情况，水系的沟通整治需要，构造大小岛屿19个，形成丰富的水系艺术空间。以此为基础，根据公园建设目标，合理布置各功能片区，整体形成"五大区、十二小区"的功能布局②。其中，生态旅游休闲区位于核心区北部，由农耕体验区、生态休闲区两部分组成。该区结合现状农田景观，开展农耕体验、生态休闲等。湿地核心景观区位于核心区中部，该区由入口服务区、湿地生态保育区、湿地民俗游乐区、湿地生态观光区及潘安文化创意产业园五个部分组成。该区结合湿地自然风光、民俗文化，充分利用水域、岛屿、植被及文化特征，开展生态观光、科普教育、民俗体验等。旅游度假区位于核心区南部，由生态水上游乐园及生态度假区两部分组成。充分利用开阔水域开展各类娱乐运动项目，着力打造潘安湖水上娱乐等品牌。生态度假区将融合湿地景观特色、滨水特色打造生态环境优美的度假区。西部风情区位于马庄以南的区域，主要为西部风情园，由乡村农家乐与马庄民俗文化村两部分组成。依托马庄民俗文化背景，以展现马庄的特色民俗文化及产业为主，成为中外乡村民俗文化交流的中心（图7-70、图7-71）。

7.10.2 主要景观

潘安湖采煤塌陷地湿地公园景观节点以展示湿地生态，发展农业观光、水上娱乐、科普教育、度假休闲生态经济区为目标，重在体现农耕文化、民俗文化和自然生态景观。

1. 主岛

以地域文化为主基调，从主入口进入中央大道，沿大道中央设置4组假山石，分别展现春夏秋冬一年四季不同的景色，寓四季平安之意（图7-72）。两侧布置游客服务中心等旅游服务设施。右侧池杉林风景区占地近千亩，池杉林中设栈道，穿行其中，体验与水亲近，与林相邻的雅、静之感。池杉林内三个亭子名草安居③。

2. 中部景观区

中部景观区包括9个岛屿，岛上植物按一岛一主题，由耐湿乔木、湿生植物、挺水植物、浮水植物、沉水植物按照一定的空间平面布局共同构成一个完整的湿地植物群落，为生物多样性提供良好

---

① 2012年9月一期竣工开园，2014年9月，二期竣工投入使用。
② 本节规划设计图片均引自徐州市规划局和杭州市城市规划设计研究院《徐州市贾汪区潘安湖湿地公园及周边地区概念规划》，特此说明。
③ 传说晋武帝时期（公元280年），盖世美男潘安，与晋武帝的女儿慧安公主，在宫女小翠的安排下，私奔来到此地，潘安依湖搭建了一个草棚，三人在此休养生息。"潘安湖"之名就来源于此。

176　徐州城市建设和管理的实践与探索——园林篇

图7-70　潘安湖湿地公园功能分区图

图7-71　潘安湖湿地公园核心景区景点分布图

图7-72 潘安湖主岛"四季"组景

图7-73 潘安湖岛屿湿地植物景观

的条件，同时作为一个完整的水体过滤净化系统。每个岛主题各异，古典与现代交织，中式传统与西方浪漫风情相映，动静结合。其中，"潘安文化"潘安古村岛以"潘安"两千年历史文化底蕴为依托，形成古色古香、底蕴深厚的潘安古街、古庙和潘安市井文化，以及潘安其人逸事。"亲子乐园"哈尼岛为青少年欢乐中心。"欧洲风情"蝴蝶岛围绕蝴蝶主题文化，配建蝴蝶展览馆，设有欧式教堂与欧式别墅，让人们充分感受诗意浪漫的西方风情。"四季花海"醉花岛以香花植物为特色，岛上布满中式古居民宅的老街。琵琶岛以琵琶、乌桕、柿子树等形成特色景观。"颐养身心"颐心岛上种植中药材为主的植物，形成植物养生的特色。"神秘祭拜"水神岛供奉"真武大帝"。"鸟类保育基地"鸟岛分涉禽散养区、野生鸟类招引区、鸟类游禽区、红锦鲤鱼区和孔雀散养区，岛中设观鸟亭。多样的植被群落和生境，引来苍鹭、天鹅等野生鸟类无数。寂静中的花语、碧空中的鸟影、清澈湖水中的鱼群……"落霞与孤鹜齐飞，秋水共长天一色。"宛然一片生态天堂（图7-73、图7-74）。

图7-74　潘安古镇

图7-75　潘安湖马庄民俗村和民俗广场

3．西部民俗风情区

主要由神农庄园、民俗大舞台、民俗广场组成。神农庄园通过神农氏雕塑，弘扬中国传统农耕文化。民俗广场设置二十四节气雕塑，体现中华民族对自然和人类自身的思索，以及顺应四时、"天地人"和谐统一的文化思想（图7-75）。

7.11　楚河公园

楚河原为承担云龙湖风景名胜区东南部丘陵与铜山新区独龙山—南凤凰山区域的排洪功能的一条大沟。随着铜山新区建设的推进，20世纪90年代按城市防防洪河道标准进行河道整治，并砌筑了硬质驳岸。

为提升河道的生态与景观质量，2008年，铜山区将河道命名为楚河——楚风汉韵、楚楚动人之意，体现出人们对这条河赋予的美好理想，并组织楚河公园建设。工程分为南、北岸景观改造和彭祖路北侧节点绿化3个单项工程，经过3年规划和建设，到2010年底，公园全面建成开放。建成后的楚河公园东起北京路，西至嵩山路，全长2.1km，南北跨度约350m，成为集休闲、观光、娱乐等多功能于一体，具有地方特色，主题鲜明，古典与现代有机结合的滨水绿化生态景观带和城市绿色客厅。

7.11.1　总体格局

楚河公园场址为狭长的条带形，且因承担着云龙湖风景名胜区东南部丘陵和铜山新区的排洪功

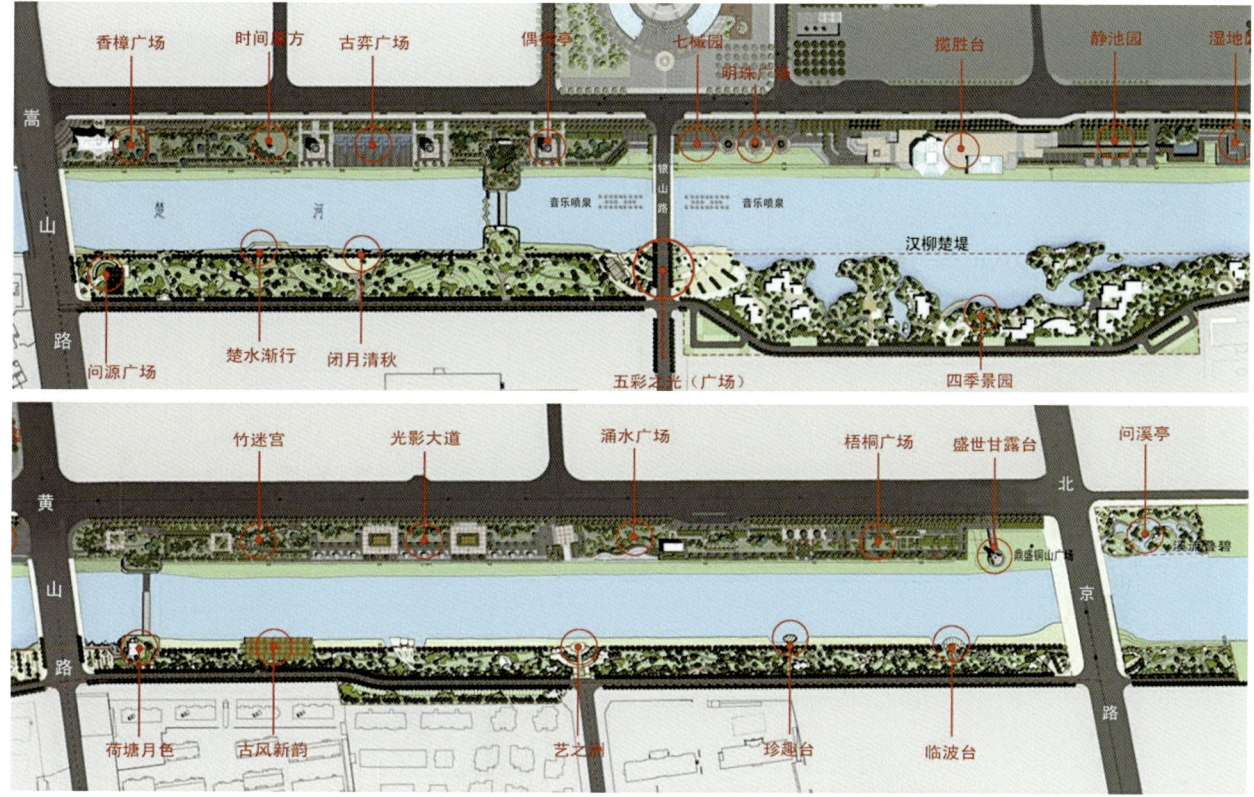

图7-76 楚河公园平面图

能，河道顺直，缺少线形变化。其河道北侧自西向东依次为行政办公、文化教育和居民生活区，南侧为徐州高新技术产业开发区。基于这种场址条件与周边区域环境特点，公园总体规划定位为通过创造尺度宜人的环水空间界面和亲水景观环境、组织多样化的滨水步行空间等手法，构建以楚河为中心，具有景观环境特色的城市中心区景观带。总体格局上，北岸规划为人文景观区，以河道中间两座桥梁为界，自西（上游）向东（下游）依次划分为河源段、时风段、古韵段3个小区。南岸规划布置为生态景观区，划分为自然游憩区、康体娱乐区、生态教育区个3小区。与之相对应，北岸主要采取硬质驳岸形式，南岸主要采取生态驳岸形式，并对岸线进行适当的修形改造，以增加景观丰富度。全园南北呼应，形成对景。全园"六区二十五景"的具体空间分布见图7-76。

7.11.2 主要景观

公园自然景观的主题概念为"三影"即"山影、岛影、林影"。其中，山影位于河道西段，采用借景手法，将南凤凰山与滨水地形形成对比，互为映衬，形成远近不同，遥相呼应的空间层次；岛影位于河道中段，侧重以自然生态的地形塑造出富于野趣的水岸湿地格局，在城区中勾画出一幅现代人文山水画卷；林影位于河道东段，概念基于对于基地东段林木植被现状的特点，以生态林形成水与林的呼应，塑造出蓝与绿的交响曲（图7-77）。

具体在空间风貌塑造中，对应于北岸3个分区，河源段主要以自然植被为主，其中串联樟树阵广场、古栾广场和时间魔方等。时风段以现代景观构造手法，通过河道中的音乐喷泉与岸边的明珠广场、揽胜台、光影大道等，强烈表达出当今时代风貌。古韵段以盛世甘露台为中心，左右两侧分别布

图7-77 楚河公园全景

图7-78 楚河公园生态景观

置梧桐广场、问溪亭，并通过涌水广场实现与时风段的自然过渡。对应于南岸3个分区，自然游憩区以自然丘壑的构造模拟山水地形，通过对原有堤台的生态化改造，塑造出富于生机的滨水环境。康体娱乐区结合地形设置适当的功能性休闲服务建筑，景观集中体现在筑岛、堆山、理水的空间特征中，以林地、栈桥、亭廊等设施，最大限度地将时尚功能与自然山水融合，并以亲水平台、室外庭园联系其间；在桥头入口两段各设置一处滨水广场，随着地形层层跌落，为市民提供最佳赏景地。生态教育区分黄山路——北京路区段与北京路以东区段2个区段，其中黄山路——北京路区段以乔木植被为主，串联步行小径、亲水垂钓设施，并结合原有泵房建筑设计一处中国传统园林特色的微缩园林景观，强化滨水环境的文化特色。北京路以东区段主要以自然湿地景观为特色，以地形堆叠与水系整理，形成宽窄不同，大小各异的水面，其中种植水生植物，随着水位不同展示不同的生态景观（图7-78）。

7.12 故黄河风光带

古时流经今徐州市区的自然河流主要是古泗水和古汴水。

故黄河是历史上黄河在中游（河南段）决口南徙夺汴、泗水道入淮，然后又改道北徙而留下的一条河道，由西北向东南，斜贯徐州市区，从南宋建炎二年（1128年）到清咸丰五年(1855年)，流经今徐州市区700多年[1]，先人们为治河留下的大量遗迹和故事。滔滔黄河水，曾带给徐州城数次"灭顶之灾[2]"，直到徐州解放时，依然河患未绝，满目苍凉。

徐州解放后，市政府即开始对河床、河堤进行治理，筑堤护岸，铺路建桥（改建、扩建）、植树绿化。到1985年，河坡及堤两侧广植各种乔灌木50多种、90225株，并在庆云桥至迎春桥段内建设了首段带状公园。1986年至1989年，恢复重建黄楼、牌楼、镇河铁牛等历史遗迹，建成黄楼公园；在迎春桥头建成大型铜牛雕塑。1991年开始东岸综合性开发治理，筑堤、修路、植树；1982年河床整治，建成显红岛，1997年改建成显红岛公园；同年在合群桥西新建黄河水上公园。1998年黄河西路改建成"迎宾大道"。1999年黄河南路建成园林路。2000年建成汉桥公园。2003年从庆云桥到汉桥营造生态河堤。2005年庆云桥至三环路北岸增建绿地、游园。2006年实施故黄河风光带综合工程，打通环河游览，新建以徐州历史、黄河文化为主题的文化景观8处，同时扩建黄楼公园、显红岛公园，黄河水上公园改建为古黄河公园。

如今故黄河河水清澈，亲水游览道上下贯通，各具特色的滨水广场、古朴的古典建筑、充满文化气息的各式小品、花团锦簇的植物，形成了层次丰富、景观优美、人文景观丰富的滨水特色风光带（图7-79）。

图7-79 故黄河带状公园

7.12.1 游园、广场

1. 黄楼公园

黄楼公园位于庆云桥南端东侧。清代至民国，"黄楼玩月"被称为"徐州八景"之一，名闻遐迩。

---

[1] 如果从汉武帝光元三年（前132年）河决濮阳瓠子，东南入泗水，流经徐州算起，到清咸丰五年（1855年），黄河于河南铜瓦厢（三义寨）决口，北徙夺大清河入渤海，改道脱离徐州为止，黄河断断续续流经徐州近二千年（1987年）。

[2] 据赵明奇《徐州自然灾害史》，徐州黄患最严重的时期在明清两代，其中被大水严重淹城的记录有3次。黄河泥沙将徐州城彻底掩埋之后，人们又在其上按老城布局重新建城，这就形成徐州"城下城、府下府、街下街、井下井"的独特现象。

图7-80 故黄河之黄楼公园

现在的黄楼公园由镇水铁牛、牌楼、黄楼和船坊等景点构成（图7-80）。

2. 迎春园

迎春园从迎春桥至黄楼公园东墙，园内依次建有五角亭、混凝土曲廊花架、花窗透墙、蘑菇亭、花坛等园林建筑（图7-81），以及铜牛雕塑、"禁碑"和"张良墓道碑"。详见本节人文景点。

3. 古黄河公园

位于黄河南路合群桥至二环西路桥之间，原为1997年建成的黄河水上公园。为开放式综合性公园。全园总体布局为一条景观轴线和九

图7-81 故黄河之迎春园

大景观区。一条景观轴线即千步林荫大道。九区为主入口区、中心景观区、民俗表演场区、历史文化游览区、儿童活动区、河滨景观区、林下休闲区、歌舞活动区、商业服务区。公园亮点为横跨黄河的仿古景观桥，两侧人行道上建有长廊，上覆青瓦，桥两侧安置汉白玉雕花栏杆，详见本书第4章（图7-82）。

图7-82 故黄河之古黄河公园

4. 显红岛公园

位于和平桥与汉桥之间故黄河宽阔的水道中，南北长约200m，东西宽约70m，建有安澜堂、却波亭、水榭、水平台、木栈道、游船码头等园林景观和设施（图7-83）。

5. 汉桥公园

位于汉桥东侧，因汉桥而得名。全园面积1.3万m²。全园以植物景观为主，以汉桥为借景，高大的汉桥及汉阙式桥头堡的建筑造型，丰富了公园的景观，夜间的亮化效果更是景致宜人（图7-84）。

6. 畔园

畔园原在西安桥南端路口西南，1986年建成，1997年后改作他用。2012年，鼓楼区在其河对面，利用原徐州冶金厂迁建后的棕地，再建一新园。园内巧妙地配置了假山、六角亭、景墙等，公园小巧玲珑，别具一格（图7-85）。

7. 兵魂雕塑广场

位于黄河北岸，西苑民馨园东侧。兵魂雕塑广场以古战场九里山为背景，群雕以花岗岩堆叠出汉代将士排兵布阵的浩大气势，充满引而不发的内在张力。周边为大面积绿地栽植了银杏、栾树、雪松、竹子、桂花及石楠球、小叶女贞球、模纹、草坪以及红叶石楠模纹等进一步烘托了主题（图7-86）。

图7-83 故黄河之显红岛公园

图7-84 故黄河之汉桥公园

图7-85 故黄河之畔园

图7-86 故黄河之兵魂广场

图7-87 故黄河之景石广场

图7-88 故黄河之百步洪广场

8. 古黄河景石广场

位于西三环路桥北，东侧。中间高台上相对而立两块巨石，黄色，高约6m。两块巨石中间弯弯曲曲的轮廓勾画出河流的形态。它寓意自汉代以来古黄河穿越徐州，养育了一方水土；而整体造型则传达了"君不见黄河之水天上来"的悠远意境，令人回味无穷（图7-87）。

9. 百步洪广场

百步洪广场位于和平桥西头南侧，为下沉式广场，临水边安装汉白玉护栏，中间建有高出广场地平0.30m的表演台，西侧为斜坡式绿地，南侧绿地内放有两块粉红花岗岩巨石，大的一块上刻有"百步洪"三个字。巨石前一块雕刻成水浪形的花岗岩石上刻着苏轼《百步洪》诗句。巨石周边栽植有五针松、红枫、红花檵木球、海桐球、草坪及鲜艳的草花，以对"百步洪"景石起到衬托作用（图7-88）。广场南端萃墨亭与慨然亭承载了苏轼等乘月夜游玩百步洪的故事①。

10. 五石柱园

下洪景区河东岸有沿河"五石柱园"，建有游园道、花坛、亲水平台、游船码头，中部弧形立有五根圆的花岗岩石柱，称"《黄河》艺术雕塑柱"，高4.35m，直径0.80m，2m以上雕刻洪水翻滚图案，中部刻有文字，主要记述黄河流经徐州的时间以及给徐州造成灾难的历史（图7-89）。

7.12.2 人文史迹

故黄河风光带人文史迹和故事众多，除游园、广场中的人文景点外，还有汴泗交汇碑、禁碑、张良墓道碑、铜牛、地雕、壁雕、仿古

图7-89 故黄河之五石柱园

---

① 史载苏轼曾与张天骥、道潜乘月夜游玩百步洪，记"郡守苏轼、山人张天骥、诗僧道潜月中游。"十六字于石头上。后人为纪念苏轼在百步洪修亭，曰："苏墨"、"萃墨"。《徐州府志·古迹考》记载萃墨亭旧址在徐州城东南百步洪洲上。

城墙、铜兽雕等。

汴泗交汇碑位于坝子街桥北端西侧,碑造型以传统"碑"、"阙"结合形式,汉阙式碑帽下,南北两面都刻有"汴泗交汇",西面安装有铜雕《禹贡》九州图,表现汴泗水在徐州相会,然后南流的水系图;东面安装有铜雕清嘉庆年间绘制的《河图》,是黄河夺汴、泗水道,流经徐州,绕过城东,向东南流去的形势图。

禁碑位于坝子街桥南端东侧,起因于1982年黄河故道整治施工时,从河中挖出的一块清雍正六年(1728年)的石碑。内容为直隶徐州知州白洁发布的一则禁令,相当于今天整治码头的一则治安通告。禁碑背面为三幅铜雕,再现了当年黄河岸边,商贾云集、交易繁忙的场景。现原碑已被文物单位收藏。

张良墓道碑位于坝子街桥到大马路桥中间的故黄河岸边,面对黄河西路。上部为碑帽,下部碑座,中间正面玻璃罩里面装有张良墓道碑原碑(为1982年黄河故道疏浚时打捞上岸,高2.60m,宽1.00m,碑中间刻有"汉留侯张公讳良字子房墓道")。背后大理石面上刻有线描张良站立画像。在碑的东侧立有"汉留侯张良墓道碑重立记"碑。

台阶地雕位于大马路桥与弘济桥之间的东河岸边。在20级台阶的河岸斜面上,斜置两幅以黑色大理石板材拼接而成的石刻,其中,北侧一副上部刻有元朝萨都剌《木兰花慢·彭城怀古》,下部刻有明嘉靖《徐州府志》所载《徐州志图》。南侧一副上部刻有清朝顾祖禹《读史方舆记纪要》介绍徐州章节,下部刻有清朝同治《徐州府志》所载《徐州府城图》。

台阶壁雕位于建国东路桥南的黄河东岸河岸壁上,由北向南依次为"孔子见老子"、"泗水捞鼎"、"潘公治黄"、"古道漕运"。每幅壁雕都由48块长方形花岗岩石拼接组成。壁雕采用浮雕手法,画面雕刻细腻,人物生动形象,雕刻深度达10cm,立体效果好。壁画画面右侧刻有壁画说明或铭文,文字雕刻、描金(图7-90)。

汴泗交汇碑　　　　　张良墓道碑　　　　　禁碑　　　　仿古城墙

图7-90　故黄河

7.13 凤鸣公园

"凤鸣公园"位于丰县古城河的东南角。原名"丰县公园",始建于1930年,后毁于战火,1994年重建凤鸣塔,推进公园建设,1996年易名凤鸣公园,2014年实施公园景观提升改造,现公园面积6.01hm²,其中水域3.7hm²,湖心岛0.19hm²。

7.13.1 总体格局

凤鸣公园园址形状方正,且水域面积大,湖周陆地纵深小。根据场地特点,按照传承地方文化、服务居民休憩的目标,公园总体布局中,将湖心岛相对静逸的空间,规划为凤文化展示区。湖西邻城市主干道向阳路,规划为主入口。入口北侧设老年活动区和休闲观赏区,设游船码头、亲水平台等。湖东和湖南邻护城河,拐角处立凤鸣塔,视野开阔,形成景观制高点。其两侧分别规划垂钓休闲区、娱乐休闲区、健身休闲区。湖北邻商贸集中区,设为商业休闲区。全园采用自然式园林布局手法,简洁而富有变化。(图7-91)。

7.13.2 主要景观

1. 凤鸣塔

原塔建于明万历十六年(1588年),砖石结构,共七层,人可登顶,塔的四角挂有风铃,风吹铃动,清脆悦耳。解放战争中被国民党军拆毁。现塔为1994年新建,2014年按原貌进行建筑立面翻新改造。新建的凤鸣塔高44.9m,塔基为古砌高台,塔体七级八角,黄墙、赭瓦、白栏,塔檐棕黄色筒瓦覆面,五十六条短脊上均设合角吻兽。塔设四门,东门、南门门额上分别镶嵌有著名书法家赵朴初先生、启功先生书写的塔名,北门上为凤鸣古塔的原门额。塔檐下悬铜铃,随风摇摆,声响不绝,似金凤长鸣,犹如凤凰落丰城。(图7-92)。

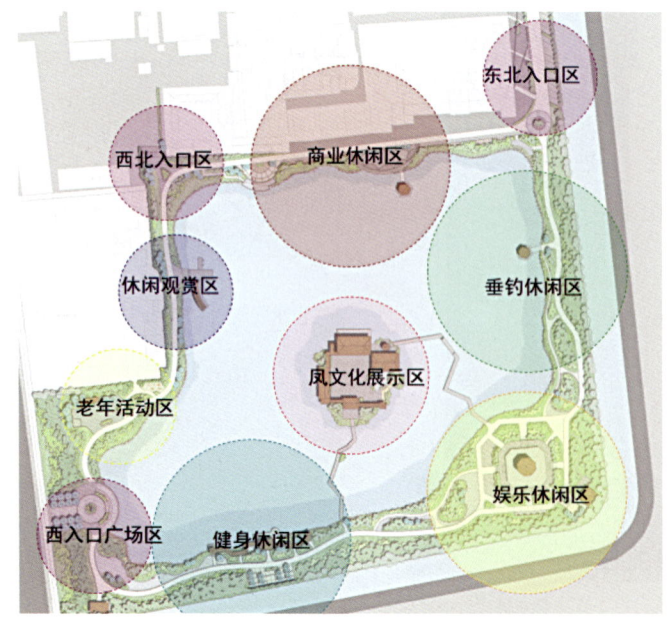

图7-91 凤鸣公园平面布局与功能分区

图7-92 凤鸣公园之凤鸣塔

2. 凤鸣书院(中阳书画院)

凤鸣书院坐落于湖中岛上，由两座曲桥相连。整组建筑为以明清风格为主的仿古建筑，为棕红色墙体、棕黄色琉璃筒瓦的砖木结构。南向三开间门厅卷棚悬山屋顶，屋檐平缓，屋脊与檐口略平齐；厅背面和单面廊柱挑檐。主厅堂面阔五间，重檐出翘，卷棚歇山屋顶，八条戗脊上都装饰合角吻兽，庄严大气。院东侧以花架连接南、北四角亭及东偏厅。亭红漆圆柱，石质美人靠栏杆，圆形宝顶，四角垂脊上置合角吻兽。东偏厅前、后廊柱支撑阔檐长脊，卷棚歇山屋顶，四条戗脊上均有合角吻兽，东山设有观水花窗格子间，建筑舒展大方。院西侧五间南北走向的直廊，卷棚屋顶，轻灵开敞，与东侧花架响应，成为观赏湖光景色的临湖水廊（图7-93）。

3. 自然景观

公园自然景观按照功能分区，分为5个类型。其中自然野趣植物景主要营造幽静、生态自然植物景观氛围，陆上以绿色植物为主，水生植物采用芦苇等野趣盎然的植物。商业主题植物景观主要烘托商业氛围，满足实用功能为主，采用色彩丰富的植物，营造欢快热烈的气氛。林荫植物景观主要营造宁静、自然的氛围，以冠形浓密的植物为主，让游人享受高大乔木的荫庇。清幽植物景观主要满足老年人生理、心理特点及其活动内容、形式的要求为目标，采用观赏型、保健型、环保型等植物。凤文化植物景观主要营造文化、自然的氛围，陆上以梧桐为基调树种，水中以荷为主，烘托凤文化。（图7-94）。

图7-93 凤鸣公园之凤鸣书院

图7-94 凤鸣公园之自然景观

7.14 沛公园

沛公园位于沛城新区，原为煤矿塌陷地。占地6km²，2007年4月动工建设，2010年2月全面开园。

7.14.1 总体格局

沛公园总体布局根据采煤后的土地塌陷实际，通过对塌陷区进行整理，梳理水系，建设生态绿岛的基础上，以入湖通道龙河为轴心，全园划分为"滨水西园"、"龙卧林山"、"登山观景"、"大风歌"、"湿地观鸟"、"桃园春色"6大景区（图7-95）。

7.14.2 主要景观

1. 《大风歌》群雕

《大风歌》群雕耸立在公园南门，由刘邦主像、百姓人物、戟、吊旗等组成，灵动地再现了公元前195年刘邦回乡宴请乡亲父老，酒酣击筑唱《大风歌》的辉煌历史画面。（图7-96）。

2. 滨水西园

位于公园西部，三面环水的半岛形态，采取局部对称依次展开的场地形式，开阔的广场与紧凑的建筑结合，广场中心东边放置雕刻公园名称的大型景石，景石东南为垂钓区，临水布置的院落式建筑群，体现出自然美景与建筑要求的和谐统一（图7-97）。

3. 龙卧林山

位于滨水西园东边，主体为一座山体，山上造林，林间修道，山顶筑台构廊，建成"望"、"喊"景点，在满足当今人们"登高望远"、"晨起喊山"等的同时，也似乎呼应了远去的汉代风气。山与东边小岛以桥相连，岛上设伸向水面的木质栈道，亲水，望远，惬意（图7-98）。

图7-95　沛公园鸟瞰

图7-96　沛公园之大风歌

图7-97　沛公园之滨水西园

图7-98　沛公园之龙卧林山

4. 登山观景

位于龙卧林山以南，山上建沛公亭，山下设休闲广场，游人在此沐森林浴，"闻"自然之气、享身心之"乐"，趣味盎然（图7-99）。

5. 湿地观鸟

位于公园中心，由岛状陆地、湿地水体、穿越人行木栈、观光亭及临水亭、停留观赏休憩平台等组成。不同开阔度的水面滩地，与不同形态的间歇性淹水生境，吸引众多种类鸟类在此栖息，为不同的动植物群落提供丰富的湿地场景，也为人们提供丰富的观赏游历景观空间（图7-100）。

图7-99　沛公园之登山观景

图7-100　沛公园之湿地观鸟

7.15　云河公园

云河公园位于睢宁县行政办公中心南侧，场地北区原为墓地，约11.5hm^2，南区原为小睢河西岸荒地和部分厂区，约8.5hm^2。2008年底开工建设，2009年底建成开放。

7.15.1　总体格局

云河公园场地为"S"形。根据场地特点，公园整体布局分为南、北两大片区。北区场地长方形，中央设云河广场（包括升旗广场），两侧分列"和平、和睦、和谐、合作"四个和合主题园。南区场地三角形，以自然景观为主，设滨水景观区，绿岛景观区和密林景观区。两区之间以云河（小睢河）"水袖"和凌空"水袖天桥"连接成为完美的整体（图7-101）。

7.15.2　主要景观

1. 云河广场与"和合"主题园

北区云河广场设计从整体上把握中国文化"坐南朝北"的传统理念，广场及两侧绿地，运用树

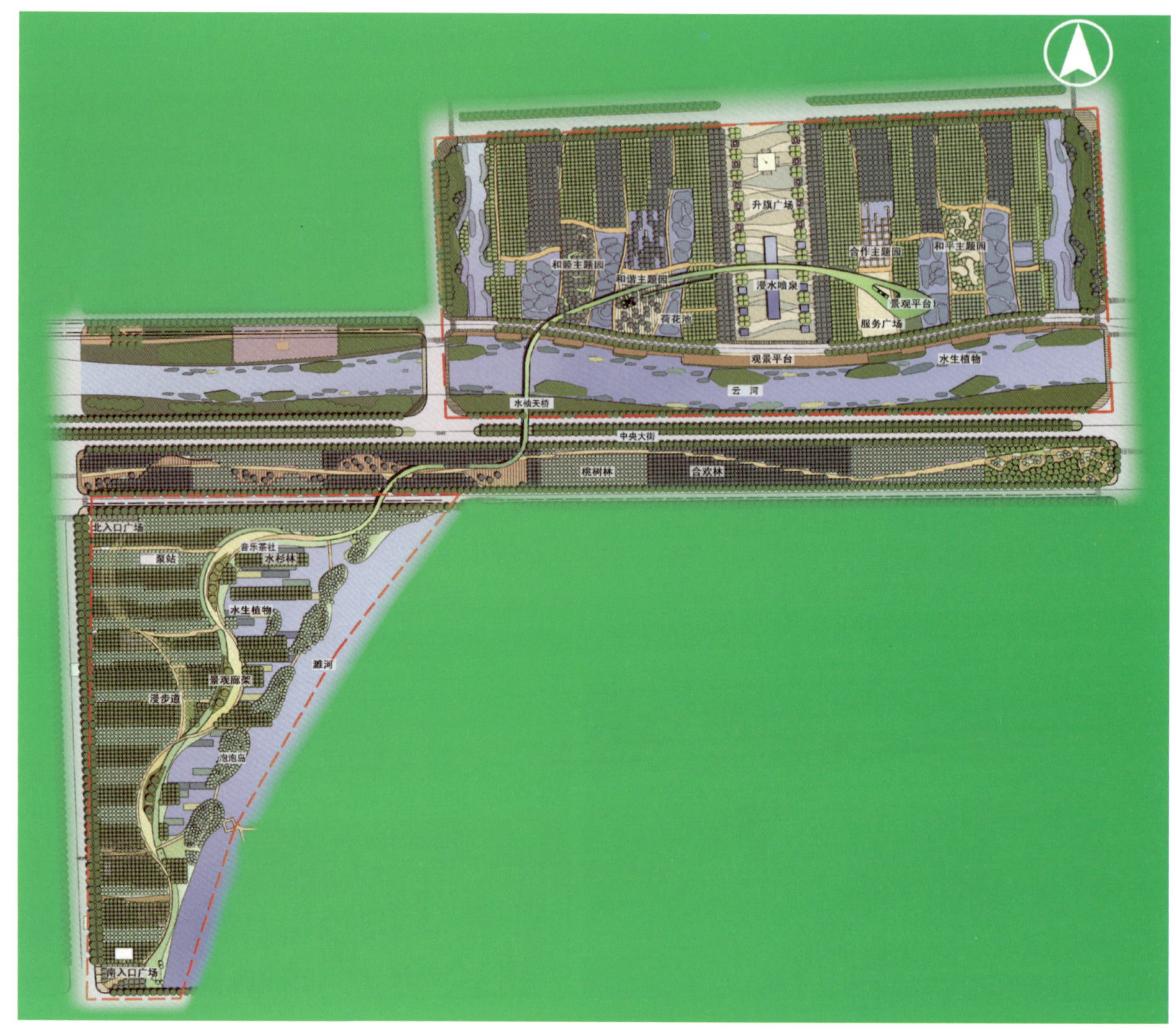

图7-101 云河公园平面图

阵等筑起南北肌理,并广场两侧规则式布置"和平、和睦、和谐、合作"四个主题园,同时,在东西向穿插曲线形游人路线,在对称的刚性之中,融入柔和之美,体现"和合"主题(图7-102)。

2. 水袖天桥

以中国传统戏曲舞蹈中的"水袖"为构思源泉,模拟了水袖舞动时流畅柔美的形态。主桥自然婉转起伏,6坡18弯造型流畅自然。桥为钢结构,桥面铺木板,栏杆由渐变的绿色钢管组成,高低开合,因循就势,为人们带来奇妙的感官体验(图7-103)。

3. 自然景观

云河公园植物配置采用规则式与自然式相结合的方式。北区采用树阵式栽植,银杏、合欢、广玉兰、女贞等乔木按4m株距规则式栽植,从而在整体上表达出广场与道路景观统一大气的设计风格特征。南区陆上采用了马褂木和榉树相间的条带状树阵作为场地大肌理,同时采用大量乡土树种,突出了睢宁地方景观特色。"水袖"两侧布置密林种植带,表现"水袖"一年四季舞动的韵律。滨水区植物采用自然式配置,在水岸线与密林之间形成蜿蜒曲折的湿地景观带,或条条片片,或团团簇簇,或挺立,或漂浮于水中的香蒲、荷花、芦苇等相呼应,构成了完美的图画(图7-104)。

合作园

和睦园

和谐园

和平园

图7-102　云河公园之"和合"主题园

图7-103　云河公园之"水袖天桥"四景

图7-104　云河公园之自然景观

7.16　桃花岛公园

桃花岛公园位于邳州市老城区东南部，始建于1992年，原占地22.6hm²。2014年扩建至66.7hm²，其中水面27.3hm²。

7.16.1　总体格局

桃花岛公园突出"楚韵汉风、诗意田园"的地域文化特色，融入"风调雨顺、万方安和"的美好意境，根据场地整体地势低洼的特点，模拟自然湿地进行水系整理，筑岛堆山，并将水系与六保河贯通，形成大水、大绿、大空间的生态体系的基础上，老园北部区域主要布置儿童天地、儿童滨水游戏区、运动天地等，形成公园的运动中心；中部保留并修复六保塔、关帝庙等，形成人文景观中心；南部设置栖云屏湖、舒潭晓月、冠云落影等，形成自然观景观赏中心。新园突出邳州地域历史文化景观和功能性建筑，北部布置畅合民乐、柳琴戏台等，东部布置大大榆树风情街、画舫闲情等，南部设置笔意邳州、银杏广场，湖心岛布置耕读天下等。全园通过24座形态迥异的景观桥连成一体，水动桥静，形成了独具魅力的"二十四桥明月夜"美好景观。（图7-105）。

7.16.2　人文景观

1. 六保塔

六保塔高38.5m，七层，八边形传统佛塔结构，融入灰瓦白墙斗拱的汉代建筑风格，气势恢宏，庄重沉稳（图7-106）。

图7-105　桃花岛公园平面图

图7-106　桃花岛公园之六保塔

图7-107 桃花岛公园之关帝庙

图7-108 桃花岛公园之精进堂

图7-109 桃花岛公园之笔意广场

图7-110 桃花岛公园之大榆树风情街

2．关帝庙

三国演义第二十回的"屯土山关公约三事"的典故就发生在今邳州市土山镇。桃花岛关帝庙有门有殿没院墙，采用围廊设计，使内外景观融为一体，达到了隔而不遮的景观效果（图7-107）。

3．精进堂

精进堂建筑群以古代书院为形制，并将楚汉建筑风格提炼和变化，融入书院建筑当中，建筑高度55m暗合天地之数五十有五之意（图7-108）。

4．笔意广场

笔意广场既是景点也是观景台，四周的挡墙从书法的笔意中衍生而来，由120块雪花石镶嵌而成，龙飞凤舞，艺术地诠释着汉字的形体之美（图7-109）。

5．大榆树风情街

大榆树街原为邳州大运河畔的一个码头。大榆树风情街，按照老街道的老模样、老物件、老味道，承载乡土情怀，沿袭楚韵汉风风格，历史气息浓郁（图7-110）。

6．二十四桥

全园24座园桥形态各异，大小不同，有的粗犷豪放，有的清秀婉约。桥的名字用传统的二十四节气命名，每座桥对应一个节气，既融合传统的农耕文化，又蕴含着风调雨顺、万方安和的美好祈愿，形成了独具特色的桥文化景观（图7-111）。

图7-111 桃花岛公园之二十四桥

7.16.3 自然景观

1. 水杉景观大道

水杉景观大道全长400m，500棵树龄50年的水杉夹道耸立，仿佛绿色的时光隧道，行走其间

图7-112　桃花岛公园之水杉大道

图7-113　桃花岛公园之银杏广场

给人以超凡脱俗、神清气爽的感觉（图7-112）。

2. 银杏广场

邳州是"国家银杏博览园"所在地。桃花岛银杏广场采用规则式布局，树形挺拔，阵列整齐，春夏一袭碧绿，秋时满园金黄，气势袭人（图7-113）。

3. 梯田花海

山体修建梯田，种植桃、杏、梨、梅花、海棠、玉兰、樱花等观花植物，一年四季花色变幻莫测，各色花开连绵成海，争奇斗艳、气势磅礴（图7-114）。

图7-114　桃花岛公园之梯田花海

7.17　沙沟湖水杉公园

沙沟湖水杉公园位于邳州市新老城区之间，占地126hm²，原为沙沟湖农业示范园，始建于2005年，以农业观光为主。2008~2009年进行绿化景观改造，提高了公园的观赏性。2014年再次对公园改造提升，增设游憩设置，进一步提高了公园的亲和性。

7.17.1　总体格局

沙沟湖水杉公园以展现汉文化和大运河湿地文化为主题，地形处理上，将原有的小鱼塘合并成大水面，全园从南到北形成一个"回"字形水系，中央以隆欣阁为主景，构建中央景观区。外周分布水杉等多个苗木园，全园以水杉为主题，集科普、科研、观光等功能于一体的综合性植物园（图7-115）。

7.17.2 主要景观

1. 公园四门

南门，2个高18m的子母阙和连廊，后方中央一个横廊，再后方是高7m的"仙人承露盘"，两侧各设五个汉代酒樽。北门，近29m高的仿汉建筑风格图腾柱形大门横空巍然耸立，两侧各配4个小图腾柱，门前两樽仿出土于邳州市占城的东汉"辟邪"。东门两侧分别矗立四个阙和一道影壁墙。其中左边为以邳州出土文物战国时的铜编钟，青莲岗文化时期的彩陶钵、彩陶花朵鼓盆为原型的绘画；右边墙为以邳州历史上人物及其事迹"奚仲造车"、"邹忌进谏"为素材的画图。西门置汉代方鼎。每个门区，都是一个结构完整、气势宏伟、古朴浑厚，尽显楚风汉韵的景观区（图7-116）。

图7-115 沙沟湖水杉公园平面图

2. 隆欣阁

隆欣阁建筑面积2.7万m^2，高118m，主体11层（层中套层，共计16层），为仿汉代皇家礼制建筑，宏伟壮观。内部布展邳州民俗、人文、历史、文化等（图7-117）。

3. 水杉林

邳州为徐州最早引种水杉之地[①]，"天下水杉第一路"经人民日报海外片整版报道后，成为邳州重

南门

北门

图7-116 沙沟湖水杉公园之门

[①] 1958年春，时任县长李清溪主持从南京林学院引进水杉100株栽植成功。

图7-117　沙沟湖水杉公园之隆欣阁

图7-118　沙沟湖水杉公园之

要的地方名片，极具影响力（图7-118）。

7.18　人民公园

人民公园坐落于新沂市中心。始建于1990年，2009年改建。改建后的人民公园，与城中引河景观带融为一体，占地16.1hm^2，水面3hm^2，绿地11.3hm^2，是具有中国南方园林风格和新沂地域文化特色的大型城市生态景观公园。

7.18.1　总体格局

人民公园采用自然式园林布局手法，分为东、南、西、北、中五个区，以园中一条像甩动着长长尾巴的蝌蚪状水系，将五个区域自然分开，大小形状不一，貌似独立又相互联系，各区域情趣各异，协调自然，错落有致。全园按地形引水、筑山、置路，曲尽其妙；百花山、荷花池、奇石甘泉、文物古迹，相得益彰，风格独特；盆景馆、观赏温室、观松亭、芙蓉廊、卧波桥、鱼水榭、映水厅等馆室、亭廊、厅榭、桥，各得其所；心怡、栾荫、青春、童真4个主题广场，休憩、娱乐、健身，老少咸宜（图7-119）。

图7-119　人民公园平面图

图7-120 人民公园之知春湖与万春桥

图7-121 人民公园之梅山与梅亭

7.18.2 主要景观

1. 知春湖与万春桥

作为公园蝌蚪形水系头部之知春湖，湖中锦鳞戏波畅游，沿岸垂柳碧桃，亭榭相应，构成一幅波光潋滟、水天一色的自然画面，可谓"春到人间湖先知"。一青石圆拱桥如圆月卧波，桥周绿柳依依，红桃片片，万紫千红，满目皆春是"万春"。湖西侧200多m²荷花和睡莲，每至夏日，菡萏飘香，微风轻拂，夕阳斜照，满湖流光溢彩，"风荷夕照"，恍如梦境一般（图7-120）。

2. 梅山与梅亭

公园中部偏北掇山，遍植260余株各色蜡梅、春梅等，山上建五角亭，取梅花五瓣之意，五檐飞翘，小巧玲珑，掩映在梅花树丛深处，亭内有著名诗人王辽生题撰并书写的梅花楹联。冬春时节，漫步梅山，驻足梅亭，观梅、赏梅、品梅、吟梅，足让灵魂升华（图7-121）。

3. 得月楼与听雨轩

得月楼位于知春湖北岸，为雕花砖木结构建筑，雄伟壮丽，古朴典雅，明月之夜，楼影倒映湖中，与水中月影融为一体，似楼得月，相映成趣，诗意盎然。

听雨轩位于公园南侧，为一南方亭廊风格的游廊，配有古典韵味的楹联，在此驻足小憩、凭轩听雨，极富诗情画意（图7-122）。

4. 四大广场

心怡广场之名借"心怡"与"新沂"同音，表"来到新沂，心旷神怡"之意。广场位于公园中心，总体呈圆弧形，建有装饰用的廊架，架上爬有紫藤、常青藤、爬墙虎等藤本植物，中间配有座椅。栾荫广场特色为9棵大规格黄山栾树，形同华盖，树下设置风雨花廊架、木质坐凳等。青春广场配有九组现代健身体育器材，是锻炼身体的好去处。童真广场内设秋千等设施，为少年儿童的乐

图7-122 人民公园之听雨轩

心怡广场

栾荫广场

图7-123　人民公园之广场

园（图7-123）。

5. 城中引河滨水景观

通过河岸的自然化改造，赋予亲水空间更多的乐趣和肌理变化，蜿蜒的长堤石阶形成连续的景观空间，配以沿岸"书画长廊"、"双亭"、"管弦清韵"和9座亲水平台，构成完整的景观空间和清爽怡人的"城市客厅"（图7-124）。

图7-124　人民公园之城中引河滨水景观

7.19　馨园

馨园位于新沂市城南新区，占地面积3.5hm²，于2012年3月开工建设，2013年6月竣工。

7.19.1　总体格局

馨园采江南园林风格，将新沂"一山一湖一古镇"地域文化元素，融入江南水乡的古典柔情中。全园布局，园中掘"钟吾湖"（"一湖"），湖东部半岛掇黄石假山（"一山"），假山两侧近自然园林绿地。湖北置"第一水榭"等，湖西次第布置钟吾书院、窑湾印象、柳琴戏台、花厅遗韵等楼堂亭台，并形成一个个各具特色的庭院空间，掩映岸边绿树之中（"一古镇"）（图7-125），布局紧凑。

7.19.2　主要景观

1. 钟吾湖

全园的灵魂。湖中央部位以亭桥相连的两个

图7-125　馨园平面图

半岛，将湖分为南北两个部分。北湖湖心筑岛，南湖上架廊桥，桥中央置水榭，自然的绚丽多姿与建构筑物的古色古香，使湖面呈现出三维的立体景观（图7-126）。

图7-126　馨园之钟吾湖

2. 特色建筑

全园建筑在表现手法上力求体现江南水乡粉墙黛瓦、小桥流水特色的"水乡印象"。建筑物的空间序列组织，采取江南古典园林多空间、多视点和连续性变化等特点。通过院墙、影壁等空间分隔元素，使得各个主题划分成相对独立的庭院空间，每个庭院空间包含了若干个空间层次和主要景物。同时，大量设置的门洞、花窗等，又使被分隔的空间相互连通、渗透，与园林的其他部分融为一体，成为一幅山水画长卷。各个单体以小巧、精致、淡雅、轻盈空透，色彩以江南传统的黑、白、灰为主色调，青砖白墙，质朴清新（图7-127）。

西入口

北入口

第一水榭

船舫

钟吾书院

窑湾印象

图7-127　馨园之建筑

图7-128 馨园之植物景观

3. 植物景观

园内栽植了观赏价值较高的银杏、乌桕、香樟、榔榆、榉树、朴树、白皮松、红枫、枇杷、金桂、鸡爪槭、樱花、石榴、紫薇、山茶、天目琼花等1000余株,群落配置遵循"白墙为纸,山石、植物为绘",林冠线、林缘线起伏多变,高低错落,层次丰富,色彩调和,浓淡相衬。丰富多彩的园景和山水氛围,营造出"春花、夏荫、秋实、冬形"不同的景观效果(图7-128)。

参考文献

[1] 董献吉. 毛泽东云龙山上论古今[J].《江苏地方志》1996,(2)
[2] 郭熙.林泉高致[M]. 济南:山东画报出版社,2010
[3] 徐州市云龙山管理处.云龙山[BOL]. http://www.xzyls.cn/about.aspx
[4] 周岚娇. 徐州珠山宕口遗址公园景观设计分析[J]. 园林,2012,(4):34-37.

附录1

徐州市公园绿地明细表（2014）

序号	行政范围	公园类型	绿地名称	面积/hm²
1	鼓楼区	综合公园	金龙湖—东珠山宕口公园	52.58
2	鼓楼区	综合公园	楚园（玉潭湖公园）	51.54
3	鼓楼区	综合公园	白云山公园	15.52
4	鼓楼区	综合公园	古黄河公园	7.64
5	鼓楼区	综合公园	九龙湖公园	6.52
6	鼓楼区	综合公园	青山公园	5.52
7	鼓楼区	综合公园	大沙河公园	3.53
8	鼓楼区	专类公园	九里山遗址公园	49.65
9	鼓楼区	专类公园	徐州植物园	45.86
10	鼓楼区	专类公园	龟山汉墓遗址公园	20.7
11	鼓楼区	专类公园	劳武港防灾公园	11.56
12	鼓楼区	专类公园	蟠桃山佛教文化公园	9.64
13	鼓楼区	社区公园	华美生态园居民游园	6.15
14	鼓楼区	社区公园	徐矿城西居民游园	4.43
15	鼓楼区	社区公园	龙潭花园	4.03
16	鼓楼区	社区公园	九里城市花园南游园	2.34
17	鼓楼区	社区公园	祥和公园	1.47
18	鼓楼区	社区公园	蟠桃五村游园	1
19	鼓楼区	社区公园	华商清水湾居民游园	0.99
20	鼓楼区	社区公园	香槟城居民游园	0.93
21	鼓楼区	社区公园	城置国际花园游园	0.82
22	鼓楼区	社区公园	金色年华游园	0.72
23	鼓楼区	社区公园	徐矿城居民游园	0.69
24	鼓楼区	社区公园	蟠桃花园游园	0.69
25	鼓楼区	社区公园	金色阳光居民游园	0.6
26	鼓楼区	社区公园	九里峰景居民游园	0.56
27	鼓楼区	社区公园	鼓楼部队小区游园	0.54
28	鼓楼区	街头公园	高铁站西广场	10.3

续表

序号	行政范围	公园类型	绿地名称	面积 /hm²
29	鼓楼区	街头公园	彭城广场	4.4
30	鼓楼区	街头公园	高铁站东广场	4.37
31	鼓楼区	街头公园	房亭河小游园	1.97
32	鼓楼区	街头公园	青岛啤酒厂前绿地	1.85
33	鼓楼区	街头公园	三八河南部小游园	1.6
34	鼓楼区	街头公园	兵魂广场	1.49
35	鼓楼区	街头公园	怡园	1.28
36	鼓楼区	街头公园	张小楼绿地	1.2
37	鼓楼区	街头公园	蟠桃山南路街头公园	0.99
38	鼓楼区	街头公园	尔岛	0.91
39	鼓楼区	街头公园	下淀路绿地	0.78
40	鼓楼区	街头公园	大马路绿地	0.77
41	鼓楼区	街头公园	黄河北路绿地	0.65
42	鼓楼区	街头公园	汉城路绿地	0.5
43	鼓楼区	街头公园	怡康绿地	0.5
44	鼓楼区	带状公园	丁万河带状公园	23.79
45	鼓楼区	带状公园	荆马河带状公园	16.65
46	鼓楼区	带状公园	徐运新河带状公园	12.93
47	鼓楼区	带状公园	老房亭河带状公园	3.58
48	鼓楼区	带状公园	两河口公园	2.52
49	贾汪区	综合公园	凤鸣海公园	81.32
50	贾汪区	综合公园	凤凰泉游园	11.85
51	贾汪区	综合公园	贾汪人民公园	11.11
52	贾汪区	专类公园	贾汪南湖公园	73.6
53	贾汪区	社区公园	夏桥公园	5.23
54	贾汪区	社区公园	桃花岛公园	2.25
55	贾汪区	街头公园	文化活动中心绿地	8.17
56	贾汪区	街头公园	贾汪世纪广场	5.63
57	贾汪区	街头公园	市民广场	5.33
58	贾汪区	街头公园	柳园	1.05
59	贾汪区	街头公园	民康园游园	0.61

续表

序号	行政范围	公园类型	绿地名称	面积 /hm²
60	贾汪区	街头公园	新华路绿地	0.5
61	贾汪区	带状公园	玉龙湾公园	25.28
62	贾汪区	带状公园	锦凤溪带状公园	22.06
63	贾汪区	带状公园	十里花溪带状公园	21.52
64	泉山区	综合公园	云龙山公园	160.93
65	泉山区	综合公园	彭祖园	34.25
66	泉山区	综合公园	云龙公园	25.13
67	泉山区	综合公园	湖北路市民广场	22.44
68	泉山区	综合公园	百果园	21.83
69	泉山区	综合公园	科技广场	20.04
70	泉山区	综合公园	奎山公园	8.72
71	泉山区	专类公园	泉山森林公园	362.85
72	泉山区	专类公园	云龙湖风景区系列公园	340.74
73	泉山区	专类公园	淮塔（凤凰山）公园	101.89
74	泉山区	专类公园	泰山佛教文化公园	65.34
75	泉山区	专类公园	彭城欢乐谷	8.8
76	泉山区	社区公园	西苑休闲公园	4.62
77	泉山区	社区公园	樱花小镇游园	4.1
78	泉山区	社区公园	翠园	3.3
79	泉山区	社区公园	凤华园游园	2.75
80	泉山区	社区公园	管道游园	1.42
81	泉山区	社区公园	管道储运公司游园	1.35
82	泉山区	社区公园	康居家园游园	1.27
83	泉山区	社区公园	杏山子游园	1.15
84	泉山区	社区公园	华润花园	1.1
85	泉山区	社区公园	黄河南路绿地	1.08
86	泉山区	社区公园	太阳花园游园	1.04
87	泉山区	社区公园	管道医院游园	0.93
88	泉山区	社区公园	管道储运小区游园	0.92
89	泉山区	社区公园	湖滨小游园	0.91
90	泉山区	社区公园	东南郡游园	0.83

续表

序号	行政范围	公园类型	绿地名称	面积 /hm²
91	泉山区	社区公园	电视塔游园	0.76
92	泉山区	社区公园	二环西路游园	0.62
93	泉山区	社区公园	奎园游园	0.59
94	泉山区	社区公园	学府嘉苑游园	0.56
95	泉山区	社区公园	民康园游园	0.51
96	泉山区	社区公园	锦绣年华游园	0.51
97	泉山区	街头公园	汽配城广场	4.72
98	泉山区	街头公园	迎宾大道游园	3.04
99	泉山区	街头公园	飞虹游园	2.76
100	泉山区	街头公园	人民广场公园	2.08
101	泉山区	街头公园	泉山美墅游园	1.49
102	泉山区	街头公园	图书馆绿地	1.48
103	泉山区	街头公园	韩山绿地	1.45
104	泉山区	街头公园	金山东路绿地	1.32
105	泉山区	街头公园	体育局旁绿地	0.83
106	泉山区	街头公园	燕子楼小学游园	0.61
107	泉山区	街头公园	松石居民游园	0.54
108	泉山区	带状公园	故黄河带状公园	33.98
109	泉山区	带状公园	奎河带状公园南园	13.15
110	泉山区	带状公园	奎河带状公园中园	9.31
111	泉山区	带状公园	奎河带状公园北园	4.22
112	泉山区	带状公园	黄河西路带状公园	1.41
113	铜山区	综合公园	娇山湖公园	31.21
114	铜山区	综合公园	无名山公园	16.17
115	铜山区	综合公园	铜山市民广场	8.93
116	铜山区	社区公园	九龙苑西游园	5.99
117	铜山区	社区公园	圣泉花园游园	3.35
118	铜山区	社区公园	金程太阳花园游园	2.69
119	铜山区	社区公园	汉泉山庄南区游园	2.53
120	铜山区	社区公园	玫瑰园游园	1.68
121	铜山区	社区公园	汉府雅园游园	1.31

续表

序号	行政范围	公园类型	绿地名称	面积 /hm²
122	铜山区	社区公园	玫瑰园北游园	1.3
123	铜山区	社区公园	九龙凤凰城游园	1.07
124	铜山区	社区公园	国基城邦游园	0.92
125	铜山区	社区公园	康乐园游园	0.86
126	铜山区	社区公园	居乐园游园	0.75
127	铜山区	社区公园	嘉慧园游园	0.65
128	铜山区	社区公园	泉山森林海游园	0.6
129	铜山区	街头公园	北京路迎宾园	2.14
130	铜山区	街头公园	赣江路街头公园	1.85
131	铜山区	街头公园	北京路节点广场	1.11
132	铜山区	街头公园	长·嵩街头公园	0.72
133	铜山区	街头公园	大·黄街头公园	0.69
134	铜山区	街头公园	银·焦街头公园	0.58
135	铜山区	街头公园	财富湾节点游园	0.55
136	铜山区	带状公园	楚河带状公园	21.29
137	铜山区	带状公园	玉泉河带状公园	6.75
138	铜山区	带状公园	黄山路带状公园	3.33
139	铜山区	带状公园	楚玉河带状公园	1.56
140	云龙区	综合公园	大龙湖市民公园	291.5
141	云龙区	综合公园	快哉亭公园	3.96
142	云龙区	综合公园	汉桥公园	1.86
143	云龙区	专类公园	户部山文化公园	1.45
144	云龙区	专类公园	狮子山汉文化遗址公园	68.29
145	云龙区	专类公园	奥体公园	39.45
146	云龙区	专类公园	拖龙山公园	21.43
147	云龙区	专类公园	子房山山景公园	18.77
148	云龙区	专类公园	黄山山景公园	2.73
149	云龙区	社区公园	新城区市民广场	14.72
150	云龙区	社区公园	惠民花园社区游园	6.34
151	云龙区	社区公园	郭庄路游园	1.53
152	云龙区	社区公园	民怡园小区游园	1.34

续表

序号	行政范围	公园类型	绿地名称	面积 /hm²
153	云龙区	社区公园	人才家园社区游园	1.27
154	云龙区	社区公园	东方美地公园	1.26
155	云龙区	社区公园	民祥路园路街头公园	1.08
156	云龙区	社区公园	民富园北小区游园	0.98
157	云龙区	社区公园	云龙市民公园	0.91
158	云龙区	社区公园	山居社区公园	0.73
159	云龙区	社区公园	东方美地南游园	0.61
160	云龙区	社区公园	子房美景居民游园	0.58
161	云龙区	社区公园	樱花广场	0.56
162	云龙区	社区公园	狮子山小区游园	0.54
163	云龙区	社区公园	圆梦园西侧游园	0.5
164	云龙区	街头公园	昆仑迎宾交叉口绿地	7.48
165	云龙区	街头公园	奥体西游园	3.83
166	云龙区	街头公园	悠沃时尚街区绿地	1.18
167	云龙区	街头公园	紫金东郡街头游园	1.14
168	云龙区	街头公园	云龙区政府南游园	1.02
169	云龙区	街头公园	奎河盖板绿地	0.99
170	云龙区	街头公园	民富大道街头游园	0.88
171	云龙区	带状公园	顺堤河公园	51.86
172	云龙区	带状公园	三八河公园	16.46
173	云龙区	带状公园	新城区公园纵轴一	8.37
174	云龙区	带状公园	新城区公园横轴三	6.01
175	云龙区	带状公园	新城区公园横轴四	5.34
176	云龙区	带状公园	绿地小区南绿地	2.81
177	云龙区	带状公园	肖庄河带状公园	2.28
178	丰城	综合公园	栖凤园	19.4
179	丰城	综合公园	飞龙湖市民公园	54.58
180	丰城	社区公园	书院街社区公园	0.51
181	丰城	社区公园	南苑路社区公园	0.31
182	丰城	社区公园	西城路小区游园	0.31
183	丰城	专类公园	凤鸣公园	6.01

续表

序号	行政范围	公园类型	绿地名称	面积/hm²
184	丰城	专类公园	永宁寺	4.2
185	丰城	专类公园	体育公园	1.96
186	丰城	带状公园	护城河文化生态园	9.18
187	丰城	带状公园	复新河滨河公园	65
188	丰城	带状公园	沙支河带状公园	21.74
189	丰城	带状公园	西环路带状绿地	4.44
190	丰城	带状公园	中阳大道带状公园	9.08
191	丰城	带状公园	南环路带状公园	8.32
192	丰城	带状公园	丰邑路带状公园	2.21
193	丰城	带状公园	白帝河滨河公园	65.41
194	丰城	带状公园	南方路（香榭里路）带状公园	0.3
195	丰城	街旁绿地	刘邦广场	1.83
196	丰城	街旁绿地	凤鸣广场	1.41
197	丰城	街旁绿地	安福广场	0.46
198	丰城	街旁绿地	金三角游园	0.2
199	丰城	街旁绿地	消防南街头游园	0.24
200	丰城	街旁绿地	支农路街头游园	0.2
201	丰城	街旁绿地	西城广场	0.2
202	丰城	街旁绿地	西城路街头游园	0.2
203	丰城	街旁绿地	中阳大道街头游园	0.21
204	丰城	街旁绿地	情义园	1.74
205	丰城	街旁绿地	柳毅路街头游园	0.21
206	丰城	街旁绿地	学仕园街头游园	1.05
207	丰城	街旁绿地	大庆路街头游园	0.3
208	丰城	街旁绿地	北苑路街头游园	0.66
209	沛城	综合公园	*汉城公园	33.93
210	沛城	综合公园	*沛公园	155.81
211	沛城	综合公园	*汉之源景区	9
212	沛城	综合公园	*大风歌景区	26.7
213	沛城	综合公园	*鸿鹄园景区	5.4
214	沛城	综合公园	颐园	10.39

续表

序号	行政范围	公园类型	绿地名称	面积 /hm²
215	沛城	综合公园	*泗水亭公园	1.13
216	沛城	专类公园	安国湖湿地	1000
217	沛城	专类公园	*高祖原庙	1.3
218	沛城	专类公园	*歌风台	1
219	沛城	社区公园	怡乐园	0.95
220	沛城	社区公园	春华园	0.2
221	沛城	社区公园	揽春园	0.24
222	沛城	社区公园	翠薇园	0.24
223	沛城	社区公园	好人广场	3.3
224	沛城	社区公园	康居小游园	0.2
225	沛城	社区公园	沛城镇敬老院小游园	0.19
226	沛城	社区公园	体育场	26.53
227	沛城	社区公园	文化休闲广场*	0.12
228	沛城	街头绿地	歌风绿地	0.36
229	沛城	街头绿地	四方绿地	0.07
230	沛城	街头绿地	电视台绿地	0.06
231	沛城	街头绿地	新沛广场	1.3
232	沛城	街头绿地	体育场绿地	1.45
233	沛城	街头绿地	火车站广场	0.8
234	沛城	街头绿地	樊巷街游园	0.24
235	沛城	街头绿地	汉城公园南侧游园	0.45
236	沛城	街头绿地	闸北游园	0.8
237	沛城	街头绿地	滨河小游园	0.07
238	沛城	街头绿地	中医院住宅楼前小游园	0.1
239	沛城	街头绿地	沛城矿小游园	0.19
240	沛城	街头绿地	文化路小游园	0.17
241	沛城	街头绿地	古沛路小游园	0.17
242	沛城	街头绿地	烟草公司小游园	0.22
243	沛城	街头绿地	质监局小游园	0.24
244	沛城	街头绿地	重庆路小游园	0.24
245	沛城	街头绿地	汉皇路与北环路喇叭口小游园	0.38

续表

序号	行政范围	公园类型	绿地名称	面积 /hm²
246	沛城	街头绿地	汉城北路与北环路喇叭口小游园	0.53
247	沛城	街头绿地	邓园小学游园	0.15
248	沛城	街头绿地	汤沐东路小游园	0.4
249	沛城	街头绿地	汉城南路游园	0.23
250	沛城	街头绿地	杭州路小游园	0.12
251	沛城	街头绿地	酒厂路小游园	2.62
252	沛城	街头绿地	汉城路南头小游园	0.7
253	沛城	街头绿地	福州路小游园	0.1
254	沛城	街头绿地	星移园	1.4
255	沛城	街头绿地	文化宫小游园	0.45
256	沛城	街头绿地	芳草园	0.76
257	沛城	街头绿地	园中园	0.42
258	沛城	街头绿地	南环路	15
259	沛城	街头绿地	韩信游园	6.52
260	沛城	街头绿地	汉润路游园*	0.71
261	沛城	街头绿地	大屯三角地花园*	1.05
262	沛城	街头绿地	汽车站站前广场*	1.16
263	沛城	街头绿地	沛公园东扩绿化*	12.71
264	沛城	街头绿地	徐王庄广场游园	0.53
265	沛城	街头绿地	徐沛铁路河绿化工程	2.09
266	沛城	带状公园	*滨河公园	109.39
267	沛城	带状公园	立交桥绿地	0.58
268	沛城	带状公园	西关闸绿地	0.29
269	胡寨镇	社区公园	法治游园	0.3
270	张寨镇	社区公园	金山游园	0.19
271	张寨镇	带状公园	徐沛路西侧绿地	0.08
272	张寨镇	社区公园	晨曦游园	0.05
273	张寨镇	社区公园	吴阁新村	0.03
274	张寨镇	社区公园	镇人民公园	0.14
275	鹿楼镇	社区公园	鹿楼镇百果园休闲广场	0.14
276	鹿楼镇	社区公园	鸳楼市场对过金地花园	0.05

续表

序号	行政范围	公园类型	绿地名称	面积 /hm²
277	鹿楼镇	带状公园	丰沛路绿地	0.1
278	魏庙镇	带状公园	沿河公园	0.1
279	魏庙镇	综合公园	留侯园	0.5
280	五段镇	综合公园	五段三碑亭公园	1.0
281	五段镇	街头绿地	五段三角公园	0.075
282	五段镇	街头绿地	五段永乐西路绿地	0.49
283	五段镇	街头绿地	西高庄游园	2.0
284	敬安镇	街头绿地	敬安镇广场	1.17
285	敬安镇	社区公园	法制游园	0.12
286	敬安镇	街头绿地	钢城路	0.72
287	敬安镇	带状公园	紧鞍南路	0.14
288	敬安镇	带状公园	徐丰路敬安段	10.7
289	敬安镇	带状公园	金虹大道	0.68
290	敬安镇	带状公园	金虹大道延长段	0.2
291	龙固镇	街头绿地	沛龙公园	2.0
292	龙固镇	街头绿地	镇东游园	0.5
293	杨屯镇	综合公园	彭屯	0.73
294	杨屯镇	综合公园	文体广场	3.2
295	杨屯镇	综合公园	古泗水河月亮湾	1.1
296	朱寨镇	街头绿地	朱寨南北大街两侧花坛	0.18
297	朱寨镇	街头绿地	矿镇路两侧花坛及绿地	0.2
298	朱寨镇	街头绿地	沛鸳公路两侧花坛及绿地	0.22
299	朱寨镇	街头绿地	龙河公路镇区段花坛及绿地	0.08
300	朱寨镇	社区公园	镇政府院游园	0.076
301	朱寨镇	社区公园	朱寨中学游园	0.065
302	朱寨镇	社区公园	朱寨小学内游园	0.055
303	朱寨镇	社区公园	朱寨阳光家园游园	0.046
304	朱寨镇	社区公园	甄楼新村游园	0.56
305	朱寨镇	社区公园	马元新型社区游园	0.72
306	朱寨镇	街头绿地	闫集街南大门西侧	0.25
307	朱寨镇	社区公园	张楼社区游园	0.026

续表

序号	行政范围	公园类型	绿地名称	面积 /hm²
308	安国镇	街头绿地	院内大楼前	0.07
309	安国镇	带状公园	院内道路两旁花园	0.17
310	安国镇	带状公园	大门东侧	0.04
311	安国镇	带状公园	大门西侧	0.04
312	安国镇	带状公园	院外东侧	0.06
313	安国镇	带状公园	院外西侧	0.09
314	安国镇	街头绿地	三诸侯广场	2.3
315	安国镇	带状公园	泗水河	0.09
316	安国镇	街头绿地	小游园	0.07
317	安国镇	带状公园	汉街	0.62
318	安国镇	带状公园	沛公路	2.08
319	张庄镇	带状公园	沿河绿化带	194
320	张庄镇	带状公园	街道绿化	30.6
321	张庄镇	带状公园	工业园区绿化	16.6
322	栖山镇	社区公园	镇区游园	0.5
323	栖山镇	街头绿地	望华街绿地	0.4
324	栖山镇	街头绿地	栖霞路北口游园	0.1
325	栖山镇	街头绿地	镇区北扩段中间	0.04
326	栖山镇	社区公园	魏庄新村游园	0.35
327	栖山镇	社区公园	胡楼村游园	0.4
328	栖山镇	社区公园	大王楼游园	0.2
329	栖山镇	街头绿地	蒲庄绿地	1.6
330	栖山镇	街头绿地	陈庄绿地（慈恩寺）	2.6
331	河口镇	街头绿地	派出所前游园	0.03
332	睢城	综合公园	花径	34.3
333	睢城	综合公园	徐沙河公园	28
334	睢城	综合公园	云河公园	10.7
335	睢城	专业公园	水月禅寺	24.1
336	睢城	专业公园	下邳公园	2.1
337	睢城	带状公园	护城河景观带	5.5
338	睢城	带状公园	睢河北路景观带	6.1

续表

序号	行政范围	公园类型	绿地名称	面积 /hm²
339	睢城	带状公园	睢梁河景观带	18.5
340	睢城	带状公园	小睢河景观带	6.8
341	睢城	带状公园	天虹大道景观带	63.4
342	睢城	带状公园	小沿河景观带	8.2
343	睢城	带状公园	中央大街景观带	46.7
344	睢城	带状公园	西外环节点游园	7.4
345	睢城	街旁绿地	成侯广场	3.8
346	睢城	街旁绿地	东环岛	0.9
347	睢城	街旁绿地	留侯广场	4
348	睢城	街旁绿地	庙湾广场	6
349	睢城	街旁绿地	三羊开泰	0.14
350	睢城	街旁绿地	广厦家园公园	3.5
351	睢城	街旁绿地	天元广场	5.8
352	睢城	街旁绿地	中山北路游园	1
353	睢城	街旁绿地	文化广场	1.6
354	邳州市	综合公园	九凤园	23
355	邳州市	综合公园	人民广场	4.2
356	邳州市	综合公园	锦绣广场	10.2
357	邳州市	综合公园	沙沟湖水杉公园	131
358	邳州市	综合公园	人民公园	2.4
359	邳州市	综合公园	桃花岛公园	65.9
360	邳州市	专类公园	幸福游园	0.9
361	邳州市	专类公园	青少年活动中心	4.2
362	邳州市	街头绿地	瑞兴路与青年路节点绿地	0.1
363	邳州市	街头绿地	民生园	0.6
364	邳州市	街头绿地	健康园	0.7
365	邳州市	街头绿地	文苑游园	1.3
366	邳州市	街头绿地	解放路游园	1.3
367	邳州市	街头绿地	涌金花园游园	0.77
368	邳州市	街头绿地	张村游园	0.67
369	邳州市	街头绿地	现代汉城游园	0.1

续表

序号	行政范围	公园类型	绿地名称	面积/hm²
370	邳州市	街头绿地	拥军游园	0.6
371	邳州市	街头绿地	大象游园	0.7
372	邳州市	街头绿地	新联福游园	0.11
373	邳州市	街头绿地	天山游园	1.2
374	邳州市	街头绿地	滨河广场	1.5
375	邳州市	街头绿地	三汊河游园	0.2
376	邳州市	街头绿地	东方游园	0.6
377	邳州市	街头绿地	工商游园	0.2
378	邳州市	街头绿地	畅园	0.12
379	邳州市	街头绿地	奚仲南游园	0.68
380	邳州市	街头绿地	奚仲东游园	0.5
381	邳州市	街头绿地	馨园	0.62
382	邳州市	街头绿地	华山路游园	0.26
383	邳州市	街头绿地	奚仲西游园	0.38
384	邳州市	街头绿地	瑞兴路游园	3.7
385	邳州市	街头绿地	同盛广场	0.61
386	邳州市	街头绿地	医药公司游园	0.05
387	邳州市	街头绿地	东兴路游园	2.2
388	邳州市	街头绿地	图书馆停车场	0.62
389	邳州市	街头绿地	太阳城停车场	0.78
390	邳州市	街头绿地	福州路游园	0.67
391	邳州市	街头绿地	珠江路游园	0.66
392	邳州市	带状公园	中山路银杏林风光带	8.4
393	邳州市	带状公园	古运河游园	11.7
394	港上镇	街头绿地	银杏文化广场	0.18
395	碾庄镇	街头绿地	法制广场	1.33
396	碾庄镇	街头绿地	文化广场	0.67
397	碾庄镇	街头绿地	憩苑	1.36
398	宿羊山镇	综合公园	人民广场	2.87
399	土山镇	专类公园	忠义广场	1.13
400	土山镇	街头绿地	三角游园	0.07

续表

序号	行政范围	公园类型	绿地名称	面积 /hm²
401	土山镇	带状公园	沿河风光带	0.67
402	土山镇	带状公园	东门桥圩河景观	0.13
403	铁富镇	综合公园	人民公园	1.2
404	铁富镇	社区公园	商贸游园	0.6
405	铁富镇	街头绿地	政法广场	0.1
406	新沂市	综合公园	人民公园	16.1
407	新沂市	综合公园	迎宾公园	10.85
408	新沂市	综合公园	沭河之光	26.1
409	新沂市	专类公园	体育公园	8
410	新沂市	专类公园	文化广场	2.8
411	新沂市	专类公园	馨园	4
412	新沂市	街旁绿地	樱花园	0.64
413	新沂市	街旁绿地	百时美小游园	0.05
414	新沂市	街旁绿地	临沭游园	0.09
415	新沂市	街旁绿地	金三角小游园	0.06
416	新沂市	街旁绿地	中医医院小游园	0.07
417	新沂市	街旁绿地	新华游园	0.52
418	新沂市	街旁绿地	体育场小游园	0.85
419	新沂市	街旁绿地	世纪广场（雨润广场）	3.09
420	新沂市	街旁绿地	火车站站前广场	2.38
421	新沂市	街旁绿地	沂园	2.72
422	新沂市	街旁绿地	希望广场	2.65
423	新沂市	带状公园	臧圩河景观带	21.75
424	新沂市	带状公园	新戴河景观带	25.92
425	新沂市	带状公园	沭河之星景观带	25.45
426	新沂市	带状公园	沭河之晨（伍百园）	50
427	新沂市	带状公园	泛水环	3.59
428	新沂市	带状公园	323 绿化带	25.16
429	新沂市	带状公园	珠江路公园绿地	12.49
430	新沂市	带状公园	浙江路公园绿地	4.4
431	新沂市	带状公园	马陵山路公园绿地	1.45

续表

序号	行政范围	公园类型	绿地名称	面积 /hm²
432	新沂市	带状公园	北京西路公园绿地	12.05
433	新沂市	带状公园	引河三期景观带	1.65
434	新沂市	带状公园	迎宾园	3.48
435	新沂市	带状公园	玉景美庐南侧景观带	0.85
436	新沂市	带状公园	钟吾南路公园绿地	12.85
437	新沂市	带状公园	钱塘江路公园绿地	6.25
438	新沂市	带状公园	黄山路南侧公园绿地	1.92
439	新沂市	带状公园	黄敦河西侧公园绿地	5.5
440	新沂市	带状公园	马陵山西路公园绿地	4.48

附录2

徐州市园林绿化制度、规范目录

一、综合管理

1. 徐州市城市绿化条例（1996年制定，2004年修订、2013年再次修订）
2. 市政府关于印发《徐州市启用城市绿化审批专用章和绿化合格专用章的实施意见》的通知（徐政发〔1999〕183号）
3. 关于印发《徐州市市区园林绿化公示制度》的通知（徐园〔2011〕34号）
4. 《城市园林绿化资源调查技术规程》DB 3203/T 506—2011

二、资源保护

1. 徐州市重点绿地保护条例（人大第14号，2010年）
2. 徐州市山林资源保护条例（人大第10号，2009年）
3. 徐州市城市绿线管理办法（徐政发〔2005〕79号）
4. 徐州市古树名木保护管理暂行办法(徐州市人民政府令第66号）
5. 关于印发《徐州市城市绿地保护实施意见》的通知（徐委发〔2010〕23号）
6. 徐州市城市房地产开发住宅项目交付使用管理暂行办法（徐州市人民政府令第114号）
7. 关于印发《徐州市大规格树木保护管理办法》的通知（徐园〔2010〕108号）
8. 关于印发《徐州市城市园林绿化防止外来物种入侵管理暂行办法（暂行）》的通知（徐园〔2011〕58号）
9. 关于印发《徐州市美国白蛾防控应急预案》的通知（徐白蛾指办〔2013〕3号）
10. 徐州市城市园林绿化损坏赔偿标准（徐政办发〔2009〕21号）

三、工程管理

1. 关于印发《徐州市园林工程施工规程》的通知（徐园〔2014〕66号）
2. 《城市绿地设计文件编制标准》DB3203/T504-2009
3. 《徐州市绿化工程植物栽植技术规程》DB3203/T503—2009
4. 《绿化栽植工程质量检验标准》DB3203/T505-2009

四、绿地管养

1. 市政府关于印发《徐州市公园管理暂行办法》的通知（徐政发〔2005〕63号）
2. 市政府关于市区新增绿地养护管理移交工作实施意见（徐政发〔2007〕20号）
3. 市政府关于印发《徐州市市区城市绿地养护管理暂行办法》的通知（徐政发〔2007〕19号）
4. 徐州市主城区绿地养护管理以奖代补考核暂行办法（徐政办发〔2007〕27号）
5. 《城市绿地养护管理规范》DB 32/T 2484—2013（由园林绿化养护管理规范）（DB 3203/T 502—2008升级）
6. 关于印发《园林绿化工程养护期考核办法（试行）》的通知（徐园〔2009〕30号）

7. 市政府关于印发《徐州市市区公共绿地养护管理办法(试行)》的通知（徐政规〔2011〕2号）
8. 关于印发《市区开放式公园（广场）、景点管理办法》的通知（徐园〔2011〕70号）
9. 《徐州市市区公共绿地分级动态管理意见》（徐政办发〔2014〕32号）

后记

中国园林源远流长、博大精深，其按照园林基址的选择和开发方式的不同，中国古典园林可以分为人工山水园和天然山水园两大类型；按照园林的隶属关系，可以归纳为皇家园林、私家园林、寺观园林三个主要类型[①]。在"天人合一"这个深邃命题下，将天地吞纳于园林之内，"壶中天地"的空间原则、"师法自然"的艺术意识、"重在意境"的美学观点，充分地满足了中国古典园林所有者的理想追求，并且成就了世界造园史上与古希腊、西亚并列的三大流派之一，成为中国传统文化的重要组成部分。

另一方面，园林又是艺术化的宇宙模式，是时代、思想、情感、审美观念的结晶，园林建设是为了实现"人在天地间，万物皆备于我"的生活理想，园林文化与艺术的传承发展，与经济社会的变革和繁荣是相辅相承的，是社会发展形象化的记录，必然要烙上时代的烙印。

现代徐州园林的发展，在借鉴传统的基础上，认真汲取现代生态学、景观生态学、人类行为学、美学和建筑等理论和技术营养，积极创新，努力实践，初步形成了以公众游赏休闲为宗旨，自然山水为基础，植物景观为主体，地域（场址）文化为灵魂，特色建筑、雕塑作点睛，整体大气恢弘、细部精致婉约，形南秀北雄、彰楚风汉韵的"徐派园林"风格雏形。

本书即是对多年来"徐州园林"建设实践和探索的初步总结。全书共分8章：序章发展中的徐州园林，概要介绍了徐州市的园林发展历史，特别是近十年园林绿化建设所取得的成效。第一章园林规划，探讨了在加强生态文明建设大背景下城市园林绿化发展的理念、目标及战略，提出了园林行业发展目标，重点介绍了徐州城市绿地系统的规划要点。第二章园林建设，简要分析了新时代城市公园、绿地系统等的特征与要求，对徐州公园绿地、绿地系统、园林经济、园林科技等方面的建设特点进行了提炼、归纳。第三章城市生态修复，从石质荒山绿化、退建还山、退渔还湖、宕口生态修复、采煤塌陷地生态修复和城市水体综合治理等方面，介绍了城市生态修复的做法和成效。第四章园林营造，通过园林风格构成要素和经典案例分析，介绍了徐州园林空间布局和地形处理、园林植物与群落配置的特色，园林建筑、园林铺装、园林雕塑与小品营造及其在地域文化传承与发展的特色与技法，探讨了徐州园林的风格特点和艺术特色。第五章园林管理，从当代徐州园林绿化的发展动力与政策机制、园林行业管理、园林工程管理、园林绿地管养四个方面总结了徐州园林管理方面的做法。第六章国家生态园林城市创建，介绍了徐州创建国家生态园林城市的背景、措施与做法和创建成效。第七章园林名胜，介绍了云龙山与云龙湖、彭祖园、无名山公园、云龙公园、淮塔公园、戏马台、龟山公园、狮子山汉文化园、东珠山宕口遗址公园、潘安湖湿地公园、楚河公园、故黄河风光带、沛公园、云河公园、桃花岛公园、沙沟湖水杉公园、人民公园、馨园共18个徐州园林名胜的景观特色。

本书具体编著人员分工如下：全书由王昊、李勇提出编著任务目标和要求，并对书稿进行审定；秦飞撰写全书整体章节结构；第一章园林规划由田原编著，第二章第三节园林经济建设由高守华编

---

① 周维权. 中国古典园林史（第二版）[M]. 北京：清华大学出版社，1999.

著,第二章第四节园林科技建设由沈维维、褚诚娇编著,第三章城市生态修复由杨学民、秦飞、张慧编著,第四章第三节园林建筑由周旭编著,第四章第四节园林铺装由秦飞、蔡枫编著,第四章第五节园林雕塑由秦飞、李北辰、周子昂编著,第六章创建国家生态园林城市由杨学民、何付川、秦飞、耿磊编著。其他各章节均由秦飞编著。马清武、秦飞、周旭、何树川、柴湘辉、耿磊、孙晨、周子昂、孙华鹏、季金玉、薛传伟、池康、李祥等参与拍摄或提供了照片。

本书编著过程中,刘贵刚、王静撰写了第三章第五节水环境综合治理与景观重建之大黄山公园初稿并提供了部分照片,迟军永撰写了第三章第六节之生活垃圾填埋场生态恢复与景观重建初稿并提供了部分照片,陈聚勇、周敏撰写了第三章第五节水环境综合治理与景观重建之安国湖国家湿地公园和第七章第十三节沛公园初稿并提供了部分照片,苏良桥、朱吉强撰写了第七章第十四节云河公园初稿并提供了部分照片,李琳等撰写了第七章第十五节桃花岛公园和第十六节沙沟湖水杉公园初稿并提供了部分照片,王振和、马玲撰写了第七章第十七节人民公园和第十八节馨园初稿并提供了部分照片。吴红敏、张雷、薛传伟对第七章第一节云龙山水进行审定并提供了部分图片,方成伟、刘小萌对第七章第二节彭祖园进行审定并提供了部分照片,刘建忠、许龙其对第七章第三节无名山公园进行审定并提供了部分照片,吕永斌、申芷瑄对第七章第四节云龙公园进行审定并提供了部分照片。徐州市创建国家生态园林城市办公室及市规划局、林业局、国土局、水务局、农业资源开发局、潘安湖风景区管理处、徐州市植物园等有关部门和单位,各区园林部门提供了大量资料和照片。秦飞、耿磊、褚诚娇、解子今、田欢、吴婷婷、严江锦、陈胜、吴强、申垣助、马虎明、刘小萌、申芷瑄、许龙其、马良清、尚国栋、刘贵刚、隋飞、王巍、郑艳、郝国亮、韩双、孙晨、朱清明、汪芳、王惠、刘霄霄承担了相关资料整理工作。书中引用了《徐州市城市绿地系统规划》等有关规划成果,参考和引用了《生态园林城市建设实践与探索·徐州篇》、以及国内外相关科研资料、成果,少量插图引用网络公开的图片,限于条件,有的作者没有联系到,在此深表歉意,并希望这些作者见书后与我们联系,我们将按国家有关规定酌致谢忱。

本书初稿完成后,丛书编著委员会有关领导审阅了书稿,并提出了十分有益的建议。中国建筑工业出版社的编辑们就本书编辑、校对和出版等做了大量细致的工作。在此特向他们表示由衷的感谢。

现代城市园林建设内涵丰富,蕴含着复杂的政策和科学技术、艺术文化,编著者们长期从事园林建设实践,在园林艺术和理论的归纳提炼等方面,能力尚有不足,书中难免论述不妥、征引疏漏讹误之处,切望能得到园林、建筑、林学、生态和文化艺术等各界同行和专家们的匡正。